Louis Figuier

Le Paratonnerre

Les Merveilles de la science

ISBN : 978-1519170163

10 9 8 7 6 5 4 3 2 1

Louis Figuier

Le
Paratonnerre

Les Merveilles de la science

Table de Matières

CHAPITRE PREMIER

IDÉES DES ANCIENS SUR LA FOUDRE ET LES ORAGES. —
OPINIONS DES PHILOSOPHES ET DES PHYSICIENS, DANS
LESXVII^E ET XVIIIE SIÈCLE, SUR LA CAUSE DU TONNERRE :
THÉORIE DE DESCARTES, DE BOERHAAVE. — THÉORIE CLASSIQUE
DU XVIIIE SIÈCLE SUR LA NATURE DE LA FOUDRE. — MOYENS
EMPLOYÉS CHEZ LES ANCIENS POUR ÉCARTER LA FOUDRE. —
TEMPS MYTHOLOGIQUES : PROMÈTHÉE, SALMONÉE, ZOROASTRE.
— TEMPS HISTORIQUES : NUMA ET TULLUS HOSTILIUS. — SYLVIUS
ALLADAS. — ARUNS. — LES MÉDAILLES DE M. LABOESSIÈRE. — LE
TEMPLE DE JÉRUSALEM. — LES VIGNES BLANCHES ET LES PEAUX DE
VEAU MARIN EMPLOYÉES CHEZ LES ROMAINS POUR ÉCARTER LA
FOUDRE. — ÉPÉES PLANTÉES EN L'AIR PAR LES COMPAGNONS DE
XÉNOPHON. — LES THRACES DÉCHARGENT DES FLÈCHES CONTRE
LES NUAGES ORAGEUX. — PROCÉDÉ DE L'ALCHIMISTE ABRAHAM
DE GOTHA. — LES PERCHES PLANTÉES EN TERRE, RECOMMANDÉES
PAR GERBERT. — CONCLUSION.

L'imposant météore de la foudre a toujours fortement
impressionné l'esprit des hommes. Les nuées qui s'entr'ouvrent,
et font jaillir subitement une éblouissante clarté ; le tonnerre qui
retentit en roulements prolongés, et dont les échos répercutent au
loin et redoublent les grondements sinistres ; la foudre qui s'élance
en traits de feu, et porte sur son passage la destruction et la mort ;
tout cet ensemble d'un phénomène effrayant et majestueux, a, de
tout temps, exercé sur l'imagination une influence profonde[1].
Dans l'enfance des peuples, avec les préjugés qui obscurcissaient
l'esprit des sociétés primitives, on ne put s'empêcher d'attribuer
à ce phénomène une source divine, d'y voir la manifestation du
courroux des dieux. Ces signes effrayants qui brillaient au sein des
airs, reproduisaient avec tant de fidélité tout ce qu'avaient évoqué
l'imagination des poètes ou les menaces des prêtres, qu'il était
presque impossible que l'on n'y trouvât point un témoignage du
ciel armé contre la terre, ou l'indice de la présence des dieux irrités.
Les anciens législateurs et les premiers rois, ne manquèrent pas de
profiter largement d'un fait naturel qui prêtait tant de poids à leur
autorité, qui retenait par la crainte les peuples dans le devoir, et
qui était si propre à les maintenir dans une erreur favorable à leurs

desseins politiques. Aussi voit-on cette idée de l'origine divine du tonnerre apparaître dès les premiers temps de l'humanité, se montrer uniformément au berceau de chaque nation, et persévérer chez les anciens peuples avec une constance invincible.

Les premiers philosophes de la Grèce tentèrent par leurs poétiques fictions, de modifier cette notion primitive et universelle dans un sens mieux en harmonie avec le caractère de la religion païenne. Pour les Grecs, le tonnerre et les éclairs provenaient des Cyclopes, occupés dans les cavernes de Lemnos à forger les foudres qui devaient servir aux vengeances de Jupiter. Mais le don de faire retentir le tonnerre était réservé à la plus puissante des divinités de l'Olympe, et c'est avec cet attribut symbolique, c'est-à-dire la foudre en main, que la religion païenne a toujours représenté le père des dieux.

Les Romains, aussi bien que tous les peuples de l'Asie, partagèrent cette croyance que le tonnerre était une manifestation spéciale et caractéristique de la Divinité. En vain Lucrèce avait-il essayé de réfuter, en vers admirables, cet antique préjugé[2] : le sentiment d'un poëte sceptique ne pouvait opposer qu'une barrière bien faible à une superstition populaire dérivée de la religion, et en apparence justifiée par les faits.

On continua donc, chez les Romains, à considérer la foudre et les orages comme une manifestation spéciale de la volonté des dieux, Cette opinion se transmit et se maintint après eux, chez presque tous les peuples de notre hémisphère.

On connaît l'impression que produisirent sur l'esprit des habitants du Nouveau-Monde les mousquets et les canons des Espagnols. Si tout fuyait à l'approche des soldats de Pizarre et de Cortès, c'est que ces hordes sauvages ne pouvaient que regarder comme des dieux vengeurs, des conquérants qui s'avançaient tenant dans leurs mains la foudre et les éclairs.

Lorsqu'au XVIe siècle les saines lumières de la philosophie vinrent dissiper les épaisses ténèbres où les esprits s'égaraient depuis si longtemps, les hommes, moins crédules et un peu plus observateurs, osèrent envisager de plus près ce redoutable météore. Il est assez remarquable que ce soit Descartes, l'immortel rénovateur de la philosophie dans les temps modernes, qui ait essayé le premier de découvrir la cause du tonnerre. La théorie mise en avant par Descartes était erronée sans doute, mais elle avait du moins l'avantage de poser la question de manière à préparer pour l'avenir la solution du problème.

Descartes pensait que le tonnerre se manifeste lorsque des nuages placés plus haut dans l'atmosphère tombent sur d'autres situés plus bas. L'air contenu entre les deux nuages, étant comprimé par cette chute soudaine, produit, selon Descartes, un grand dégagement de chaleur, d'où résultent l'apparition de l'éclair et le bruit qui caractérisent le tonnerre. Meilleur physicien que Descartes, l'illustre Boerhaave a émis, après ce philosophe, une théorie du tonnerre plus fortement raisonnée, sans être pour cela plus vraie. Pour expliquer la chaleur qui provoque l'apparition des éclairs, Boerhaave admettait que de petites masses d'eau congelées au sein des nuages ont la propriété de concentrer les rayons solaires. Ces petits amas de glace peuvent agir, selon Boerhaave, comme autant de lentilles convergentes, pour condenser en un point unique une quantité considérable de rayons solaires, et déterminer, en ce point, une élévation extrême de température.

Dans ses Notes sur le *Cours de chimie de Lémery*, le chimiste Baron expose en ces termes la théorie de Boerhaave, qu'il adopte sans réserve :

« Cet excellent physicien (Boerhaave), nous dit Baron, prouve d'une manière très-satisfaisante, dans ses *Elementa chimica*, que les particules d'eau que l'action du soleil avait élevées en l'air, venant à se réunir plusieurs ensemble sous la forme de nuées, composent des masses de glace qui réfléchissent la lumière du soleil par celle de leurs surfaces qui regarde cet astre, tandis que leur surface opposée éprouve un froid glacial. S'il arrive donc, comme cela se peut rencontrer souvent, que plusieurs nuées soient disposées les unes à l'égard des autres de façon qu'elles fassent l'effet de plusieurs miroirs concaves dont les foyers concourent dans un foyer commun, on comprend aisément que les rayons du soleil, ainsi réfléchis et rassemblés dans un même lieu, doivent produire une chaleur excessivement prodigieuse. Le premier effet de cette chaleur sera de dilater considérablement l'air environnant et de causer une espèce de vide dans l'espace renfermé entre les nuées ; mais bientôt après, ces mêmes nuées venant à changer de situation et les foyers se trouvant détruits, l'eau, la neige, la grêle et généralement tout ce qui environne le vide dont nous avons parlé, mais surtout les grandes masses de glace qui forment les nuées mêmes, fondent avec une impétuosité sans pareille les unes vers les autres pour remplir ce vide. L'énorme vitesse du mouvement par lequel toutes ces matières sont emportées occasionne un frottement si violent de toutes les parties les unes contre les autres, qu'il s'ensuit non-seulement un bruit éclatant et quelquefois horrible, mais encore l'inflammation de toutes les exhalaisons sulfureuses, graisses et huileuses qui se trouvent dans le voisinage, et dont l'air est toujours chargé abondamment pendant les grandes chaleurs. Ainsi il n'est pas étonnant que le tonnerre soit presque toujours accompagné d'éclairs... »

Fig. 259. — Boerhaave.

L'idée de Boerhaave sur la concentration des rayons solaires par de petites masses d'eau congelée flottant au sein des nues ne fut pas acceptée, car on ne pouvait admettre que les rayons du soleil traversassent, sans les fondre, ces corpuscules de glace. Mais la seconde idée présentée par l'illustre physicien hollandais, resta universellement adoptée, car elle répondait à une opinion fort en faveur depuis l'antiquité. On admit donc, avec Boerhaave, que le phénomène des éclairs et de la foudre provenait de l'inflammation de toutes les exhalaisons sulfureuses, grasses, huileuses et essentiellement combustibles, qui, émanées de la terre, viennent se réunir et s'accumuler dans les airs.

Cette explication physique du tonnerre, fort plausible pour cette époque, devint la théorie dominante, l'opinion classique jusqu'au milieu du XVIIIe siècle ; c'est contre ce système chimérique que dut lutter plus tard la théorie des électriciens.

Ainsi, dans l'opinion des physiciens de cette époque, on considérait la matière du tonnerre comme un mélange de toutes sortes d'exhalaisons terrestres, susceptibles de s'enflammer soit par l'effet d'une fermentation spéciale, soit par le choc et la pression des nuées, que les vents agitent et poussent violemment les unes contre les autres. Lorsqu'une portion considérable de ce mélange vient à prendre feu, disait-on, il se fait une explosion plus ou moins forte, suivant la quantité ou la nature des matières qui s'enflamment.

Comme cette théorie du tonnerre a joué un grand rôle dans l'histoire de la physique, nous croyons utile de la préciser exactement. Pour en donner une idée complète, nous citerons un passage de la *Météorologie* du père Cotte, dans lequel l'auteur développé et commente avec lucidité la théorie admise de son temps sur la cause du tonnerre :

« Si l'inflammation des exhalaisons terrestres se fait sur une médiocre quantité de matières, et au bord de la nuée, dit le père Cotte, cet effet se passe sans bruit, au moins à notre égard, il n'en résulte qu'un éclat de lumière, à peu près comme si nous apercevions de loin une certaine quantité de poudre qui s'enflammât librement et en plein air, sans être renfermée. Voilà l'éclair qui nous éblouit sans nous rien faire entendre, et qu'on appelle *éclair de chaleur.*

« Qu'une plus grande quantité de cette même matière vienne à fermenter dans le corps même de la nuée, aussitôt grande effervescence, bouillonnement, explosion ; et si cette première portion, éclatant ainsi, en rencontre une semblable qui n'ait point tout ce qu'il lui faut de mouvement pour éclater elle-même, elle l'anime de son action, et celle-ci une troisième ; de proche en proche il se fait une suite d'explosions d'autant plus violentes, que ces matières seront enveloppées de nuages plus épais. C'est ainsi, dit-on, que se font ces coups simples et redoublés qu'on entend quand il tonne, et dont les échos peuvent encore augmenter la durée. Voilà ce qu'on appelle *tonnerre* proprement dit.

« La nuée, entr'ouverte par les grandes explosions, laisse échapper une partie de ces feux qu'elle renferme ; autant de fois que cela arrive, c'est un éclair plus vif que les précédents, et qui annonce un coup, que nous n'entendons pourtant que quelques instants après, parce que le bruit ou le son ne se transmet pas avec autant de promptitude que la lumière. Suivant l'expérience de M..., de l'Académie des sciences, on doit compter cent soixante-treize toises pour chaque seconde de temps, ou chaque battement de pouls, qui s'écoule entre le moment où l'on voit l'éclair et celui où l'on entend le tonnerre. Si on ne l'entend par exemple, qu'après quatorze secondes, c'est une preuve que la nuée est éloignée d'une lieue commune de France, de deux mille quatre cent cinquante toises, au lieu que la lumière, n'employant que sept minutes à venir du soleil jusqu'à nous, parcourt en une seconde soixante dix-huit mille cent soixante-sept lieues, et en quatorze secondes un million quatre-vingt-quatorze mille trois cent trente-huit lieues ; il n'y a donc pas d'intervalle sensible entre le moment où l'éclair sort du nuage et celui où nous le voyons.

« Dans le moment où l'on entend le tonnerre, il sort une vapeur enflammée qu'on appelle la foudre, qui crève la nuée, tantôt par en haut, tantôt par en bas ou de côté, qui s'élance avec une vitesse proportionnée à son explosion, comme la poudre qui s'enflamme dans une bombe porte son action aux environs, quand elle a brisé le métal qui la retenait. La foudre part donc à chaque coup de tonnerre qui est précédé d'un éclair, mais elle ne frappe les objets terrestres que quand elle éclate dans une direction qui l'y conduise. »

Pour prêter de la force à cette théorie, les physiciens du dernier siècle invoquaient les observations et les découvertes de la chimie encore à sa naissance. On comparait à celui des chimistes le grand laboratoire de l'univers. La terre, disait-on, est une source continuelle de vapeurs et d'exhalaisons qui s'élèvent dans les airs. Les trois règnes de la nature sont soumis à cette loi. Les animaux perdent sans cesse, par la transpiration, une partie de leur substance ; de la surface extérieure des plantes, s'exhalent continuellement des matières vaporisées, qui sont quelquefois, grâce à leur odeur, appréciables à nos sens. Les diverses substances qui composent le règne minéral ne font pas exception à cette règle, et l'eau qui est répandue sur le globe en si grande abondance, se trouve aussi dans un état continuel d'évaporation. Ces vapeurs et ces exhalaisons différentes, qui sont composées, disait-on, de soufre, de bitume, de nitre ou de sel, en un mot de toutes les substances sulfureuses, grasses, inflammables et volatiles des animaux, végétaux et minéraux, s'élèvent dans l'atmosphère ; elles y flottent au gré des vents, et y subissent une infinité de combinaisons. On ajoutait que la chaleur du soleil, le mouvement dont tous les corps sont animés, les feux souterrains, etc., élèvent dans les airs des particules oléagineuses, salines, sulfurées et aqueuses. Mêlées et combinées par le souffle des vents, ces matières peuvent fermenter et s'enflammer. Cet effet se produit dans les moments d'orage. Les exhalaisons terrestres sont alors agitées et réunies ; leur mélange, leur choc et leur frottement les font fermenter toutes à la fois. Il résulte de cette fermentation générale, une inflammation de ces divers fluides, et une détonation qui constitue le tonnerre et la foudre.

Les vapeurs terrestres, disait-on, peuvent s'embraser dans l'air, comme le font, dans le laboratoire du chimiste, divers produits inflammables. On citait en exemple, la poudre à canon et les diverses compositions détonantes que l'on savait préparer à cette époque, telles que l'*or* et l'*argent fulminant*. Les nombreux *pyrophores* que les chimistes étudiaient alors avec tant de curiosité, le *pyrophore de Homberg* et celui de *Geoffroy*, le *volcan de Lémery* (sulfure de fer), le *phosphore de Brandi* et de *Kunckel*, c'est-à-dire notre phosphore actuel, n'étaient pas oubliés dans cette énumération des substances qui peuvent s'enflammer dans l'air, ou produire une détonation par le choc.

Nous ne nous arrêterons pas à combattre cette théorie, qui n'appartient plus qu'au domaine de l'histoire. Il nous a paru utile de l'exposer avec détails, afin de montrer qu'elle reposait sur des considérations très-spécieuses, et de faire comprendre les difficultés qu'elle opposa plus tard à la doctrine des électriciens.

Nous venons d'exposer l'opinion générale qui eut cours dans la science au sujet de la cause du tonnerre jusqu'à la découverte des phénomènes électriques. Avant de passer à l'histoire de la découverte du paratonnerre chez les modernes, il sera utile de rechercher si, avant cette époque, c'est-à-dire dans l'antiquité, on a connu les moyens de se garantir de la foudre. Nous espérons prouver que rien de semblable n'a existé dans l'antiquité, quoi qu'en aient dit une foule d'écrivains modernes, tels que Dutens[3], Eusèbe Salverte[4], La Boëssière[5], et plus récemment M. Boullet[6] et J. Ampère[7].

Servius parlant de l'art de conjurer la foudre nous transporte à l'époque la plus reculée de l'humanité. Cet écrivain latin, qui vivait sous Théodose le Jeune, est auteur de commentaires estimés sur les œuvres de Virgile. À propos du vers où ce poète dépeint Jupiter ratifiant, par le bruit du tonnerre, le pacte des nations troyenne et latine[8], Servius interprétant Hésiode et Eschyle, avec les idées superstitieuses de son temps, prétend que Prométhée découvrit et révéla aux hommes le moyen de faire descendre le feu du ciel : « Les premiers habitants de la terre, dit Servius, n'apportaient point de feu sur les autels ; mais, par leurs prières, ils y faisaient descendre (*eliciebant*) un feu divin. »

Selon le même auteur, c'est Prométhée qui leur avait révélé ce secret : « Prométhée, dit Servius, découvrit et révéla aux hommes l'art de faire descendre la foudre (*eliciendorum fulminum*)… Par le procédé qu'il avait enseigné, ils faisaient descendre le feu de la région supérieure [*supernus ignis eliciebatur*[9]]. »

Mais, dit M. Th. H. Martin, « c'est là une conjecture ridicule de ce grammairien latin du ve siècle de notre ère, à propos d'une antique fable grecque, dont il n'a pas pénétré le sens. Il n'est pas de peuple sauvage qui n'ait pour se procurer du feu, des moyens plus faciles et moins périlleux que celui qui est prêté si gratuitement par Servius à Prométhée[10]. »

Le mythe de Salmonée remonte au delà des temps historiques. Selon le récit des prêtres, Salmonée, roi d'Élide, eut l'audace de vouloir imiter la foudre. Pour cela, il lançait son char sur un pont d'airain, et il imitait ainsi le bruit et l'éclat du tonnerre. D'après les historiens, les dieux foudroyèrent Salmonée pour cette tentative audacieuse et impie.

Comment s'arrêter à cette opinion des anciens ? Comment le bruit d'un pont de bronze pouvait-il se faire entendre, comme le dit Virgile, « de tous les peuples de la Grèce[11] ? » Eustathius, dans son commentaire sur l'Odyssée, met en avant des idées moins puériles. Il représente Salmonée comme un savant qui s'efforçait d'imiter le bruit et l'éclat du tonnerre et qui périt au milieu de ses dangereux essais[12].

Eusèbe Salverte qui, dans son ouvrage sur les *Sciences occultes*, a consacré un long chapitre à signaler les connaissances des anciens dans l'art de conjurer la foudre, n'est pas éloigné de croire que Salmonée possédait en effet quelque méthode qui permettait « de soutirer des nuages la matière électrique, et de l'amasser au point de déterminer bientôt une effrayante explosion. » Il fait remarquer à l'appui de ses conjectures, qu'en Élide, théâtre des succès de Salmonée et de la catastrophe qui y mit un terme, on voyait, près du grand autel du temple d'Olympie, un autel[13] entouré d'une balustrade, et consacré à Jupiter*Catabatès* (qui descend) : « Or ce surnom fut donné à Jupiter pour marquer qu'il faisait sentir sa présence sur la terre *par le bruit du tonnerre, par la foudre, par les éclairs*, ou par de véritables apparitions[14]. »

L'explication que donne Eustathius au XIIᵉ siècle de la fable de Salmonée, est toute gratuite, et ne repose sur aucun fondement. Quant à l'extension qu'Eusèbe Salverte a voulu donner à la même fable, en accordant à Salmonée toute la science des modernes, elle exagère encore, et sans plus de fondement historique, une explication de fantaisie.

Parmi les anciens peuples de l'Asie, on a signalé quelques traditions qui se rattachent, d'une manière plus ou moins claire, à l'art de conjurer la foudre. Elles se rapportent surtout à Zoroastre, le célèbre fondateur de la religion des Mages.

Khondémir rapporte que le démon apparaissait à Zoroastre *au milieu du feu*, et qu'il imprima sur son corps une marque lumineuse[15]. Suivant Dion Chrysostome[16], lorsque Zoroastre quitta la montagne où il avait longtemps vécu dans la solitude, il parut tout brillant d'une flamme inextinguible, *qu'il avait fait descendre du ciel.* L'auteur des *Récognitions*, attribuées à saint Clément d'Alexandrie[17], et Grégoire de Tours[18], affirment que, sous le nom de Zoroastre, les Perses révéraient un fils de Cham, qui, par un prestige magique, faisait *descendre le feu du ciel*, ou persuadait aux hommes qu'il avait ce miraculeux pouvoir.

Une tradition, répétée par plusieurs auteurs anciens, rapporte que Zoroastre, roi de la Bactriane, périt brûlé par le démon, qu'il importunait trop souvent pour répéter son brillant prodige. Ces expressions semblent désigner un physicien qui, répétant plusieurs fois une expérience dangereuse, négligea un jour de prendre les précautions nécessaires et tomba victime de cet oubli.

Suidas[19], Cédrénus et la *Chronique d'Alexandrie* disent que Zoroastre, assiégé dans sa capitale par Ninus, demanda aux dieux d'être frappé de la foudre, et qu'il vit son vœu s'accomplir, après qu'il eut recommandé à ses disciples de garder ses cendres comme un gage de la durée de leur puissance. Suivant une autre tradition qui diffère peu de la précédente, Zoroastre, décidé à mourir pour ne point tomber au pouvoir du vainqueur, dirigea la foudre contre lui-même ; par un dernier miracle de son art, il se donna une mort extraordinaire, bien digne de l'envoyé du ciel et du pontife ou de l'instituteur du culte du feu.

De quelques textes confus qui se rapportent au fondateur de la religion des Mages et à celles de ses opérations cabalistiques où il est question de la foudre, on a cru pouvoir induire que Zoroastre avait des notions sur l'électricité ; qu'il avait trouvé le moyen de faire descendre la foudre des cieux, qu'il s'en servit pour opérer les premiers miracles destinés à prouver sa mission prophétique, et surtout pour allumer le feu sacré qu'il offrit à l'adoration de ses sectateurs. On a encore ajouté qu'entre les mains de Zoroastre et de ses disciples, le feu céleste devint un instrument destiné à éprouver le courage des initiés, à confirmer leur foi et à éblouir leurs yeux de cette splendeur immense, impossible à soutenir pour des regards mortels, qui est à la fois l'attribut et l'image de la Divinité.

Ces récits qui se contredisent, et qui ne se rapportent pas tous au vrai Zoroastre, c'est-à-dire au Mède *Zarathustra*, roi de la Bactriane, qui établit les principales doctrines de l'*Avista*, sont apocryphes, pour la plupart. Ce sont de pures traditions orientales qui prouvent seulement que, dans la religion des Mages, comme dans les autres religions, le feu du ciel était souvent invoqué.

En arrivant à des temps plus historiques, nous trouvons les faits, bien souvent cités, de Numa Pompilius, second roi de Rome, et de son successeur Tullus Hostilius.

Ovide nous a transmis dans, ses *Fastes*, l'histoire légendaire de Numa, qu'il expose comme il suit.

À une époque où le tonnerre exerçait de continuels ravages en Italie, Numa chercha à *apaiser la foudre (fulmen piari)*, c'est-à-dire, en quittant le style figuré, le moyen de rendre ce météore moins malfaisant. Dirigé par la nymphe Egérie, il obtint la révélation de ce secret, au moyen d'une surprise dont furent victimes Faunus et Martius Picus, dieux des forêts, ou prêtres des divinités étrusques. Trouvant sur leur route des coupes pleines de vin parfumé, que Numa y avait placées avec intention, ces dieux étourdis se laissent aller à fêter trop largement le délicieux breuvage. Quand ils sont privés de leurs sens par les fumées d'un vin généreux, Numa survient et les garrotte sans peine. Sortant de leur sommeil, Faunus et Picus essayent en vain de briser leurs chaînes. Alors le monarqueromain se répand en compliments respectueux, il leur demande pardon de l'extrême liberté qu'il a prise, protestant qu'il ne veut leur faire aucun mal, et laissant entrevoir qu'il pourrait les délivrer à cette condition :

Quoque modo possint fulmen monstrare piari,

c'est-à-dire de lui apprendre la manière d'apaiser, de conjurer la foudre.

Cette demande hardie n'est pas absolument rejetée par Faunus, qui répond :

Dî sumus agrestes, et qui dominemur in altis
Montibus : arbitrium est in sua tela Jovi.
Nunc tu non poteris per te deducere cœlo ;
At poteris nostrâ forsitan usus ope.

« Nous sommes des dieux champêtres et qui habitons le sommet des montagnes. Nous pouvons disposer des foudres de Jupiter. Tu ne pourrais maintenant les obtenir toi-même du ciel, mais peut-être pourrais-tu y réussir avec notre secours. »

Martius Picus reconnaît qu'il possède l'*ars valida*, et qu'il est disposé à le transmettre. Le marché se conclut, le secret est révélé, et l'on prend jour pour le mettre à l'épreuve. Au jour fixé, Numa et les siens se rassemblent solennellement.

Le soleil se levait radieux aux courbes lointaines de l'horizon, lorsque Numa, la tête voilée de blanc, élève ses mains au ciel, et demande que la promesse des dieux soit remplie.

Dum loquitur, totum jam sol emerserat orbem,
Et gravis æthereo venit ab axe fragor.
Ter tonuit sinenube Deus, tria fulgura misit.

« Tandis qu'il parle, le disque entier du soleil s'est montré ; un bruit éclatant retentit au plus haut des airs. Dans un ciel sans nuages, Jupiter a tonné trois fois, et trois éclairs ont resplendi. »

Alors la voûte d'azur s'ouvre dans les cieux, et le bouclier sacré tombe aux pieds du monarque.

C'est d'après ce récit mythologique d'Ovide que beaucoup de commentateurs ont cru pouvoir admettre que Numa apprit des prêtres étrusques le secret de conjurer la foudre et de la faire descendre, inoffensive, du sein des nuées.

S'il faut en croire les historiens de Rome, Numa Pompilius répéta plusieurs fois, avec succès, cette expérience religieuse. N'employant ce secret que pour le service des dieux, il put en user sans être puni. Mais il en fut autrement de son successeur Tullus Hostilius, qui, ayant voulu dénaturer l'emploi de l'arcane divin, fut frappé de mort.

Pline et Tite-Live ont raconté, sous la responsabilité de Lucius Pison et de ses *Annales anciennes*, comment le secret de Numa se transmit à Tullus Hostilius.

Pline nous dit que Tullus apprit dans les livres de Numa l'art d'attirer le tonnerre, mais que l'ayant pratiqué d'une façon inexacte (*parum rite*) il fut foudroyé[20]. Il répète à peu près les mêmes paroles dans une autre partie de son ouvrage. Mais là, derechef, et toujours sur la foi des *Annales anciennes* de Pison (*gravis auctor*, nous dit-il), il affirme que la foudre pouvait être forcée à descendre du ciel par certains rites sacrés, ou par les prières ; et il cite Porsenna, roi des Volsques, qui l'avait évoquée aussi de la même manière. Pline ajoute que l'on eut recours à ce moyen pour délivrer la ville de *Volsinies*, dans l'Etrurie, d'un monstre qui la ravageait.

Ce monstre, pour le dire en passant, avait reçu le nom de *Volta*, rencontre bien originale, il faut l'avouer, si l'on se rappelle le nom de Volta, le célèbre physicien de Pavie qui s'est tant illustré par ses découvertes sur l'électricité[21].

Tite-Live raconte avec un peu plus de développements les mêmes faits allégués par Pline :

« On rapporte, dit Tite-Live, que ce prince en feuilletant les Mémoires laissés par Numa, y trouva quelques renseignements sur les sacrifices secrets offerts à Jupiter *Elicius*. Il essaya de les répéter, mais dans les préparatifs ou dans la célébration il s'écarta du rite sacré… En butte au courroux de Jupiter évoqué par une cérémonie défectueuse (*sollicitati prava religione*), il fut frappé de la foudre et consumé ainsi que son palais[22]. »

Ces diverses citations ne prouvent nullement que Numa et Tullus Hostilius aient connu l'art de conjurer la foudre.

Dans l'ouvrage que nous avons déjà cité, *La foudre, l'électricité et le magnétisme chez les anciens*, M. Th. H. Martin a soumis à un examen approfondi ces allégations prétendues historiques, et qui ne sont que des fables ou de fausses interprétations. Il montre avec évidence qu'il faut entendre le mot *évocation de la foudre*, que les commentateurs ont mis en avant par une simple *évocation de Jupiter*.

Sans reproduire la discussion à laquelle se livre M. H. Martin sur ce point, nous rapporterons la conclusion qu'il en tire :

« Que faut-il conclure, dit M. H. Martin, de la comparaison de tous ces textes ? C'est que, suivant la tradition et les vieux annalistes de Rome, Numa avait évoqué non pas la foudre, mais Jupiter, et que par cette évocation prétendue il avait prêté une autorité divine aux cérémonies expiatoires que le Dieu était supposé lui avoir révélées ; c'est que, suivant les mêmes auteurs, la fin tragique de Tullus Hostilius, mort dans un incendie causé par la foudre, était la punition de la manière irrégulière dont il avait procédé dans une évocation de Jupiter, et non dans une expérience sur la foudre ; c'est que L. Pison avait respecté ici la tradition primitive, suivie aussi par Valérius d'Antium, par Ovide et par Plutarque, mais que Pline et Servius, empruntant aux stoïciens grecs et romains les excès de l'interprétation allégorique de la mythologie, excès aussi éloignés de la vérité que ceux de l'interprétation prétendue historique d'Evhémère, ont cru faire preuve de sagacité en substituant dans cette fable antique, le nom de la foudre à celui de Jupiter. Nous avons vu que cette interprétation, incompatible avec le récit détaillé de Valérius et d'Ovide, avait tenté aussi Tite-Live, mais qu'il l'avait abandonnée dans son récit de la mort de Tullus Hostilius.

« Appien, Valère Maxime (IX, 12) et Eutrope se bornent à dire que ce roi fut foudroyé et brûlé avec sa maison. Denys d'Halicarnasse dit d'abord que Tullus Hostilius périt dans un incendie avec sa famille ; puis il ajoute que suivant quelques auteurs cet incendie avait été allumé par la foudre, parce que Tullus avait irrité Jupiter en négligeant quelques sacrifices usités à Rome et en introduisant au contraire des cérémonies étrangères, mais que suivant la plupart des auteurs il mourut victime d'un attentat attribué à son successeur Ancus Martius.

« En résumé, le rôle de Numa offre beaucoup d'analogie avec le rôle religieux du thaumaturge Épiménide chez les Grecs, et il n'en offre aucune avec le rôle scientifique de Franklin ; quant à la fin tragique de Tullus Hostilius, que tant d'autres modernes, depuis Dutens jusqu'à M. J.-J. Ampère, ont comparée bien à tort à celle du physicien Richmann, elle y fut probablement analogue à celle de Romulus que les sénateurs, las de lui sur la terre, envoyèrent au ciel ; ces deux crimes furent dissimulés chacun sous une légende merveilleuse ; mais Tullus Hostilius n'eut pas d'apothéose comme Romulus, Voilà ce qu'on peut entrevoir de plus probable sur la mort de ce roi, au milieu des ténèbres qui couvrent ces premiers temps de Rome[23]. »

Suivant Ovide et Denys d'Halicarnasse, Romulus, onzième roi des Albains (Sylvius Alladas), aurait trouvé, même avant Numa et Tullus Hostilius, le moyen de contrefaire le tonnerre et les éclairs. Eusèbe prétend que ce moyen consistait en une simple manœuvre, par laquelle ses soldats frappaient tous à la fois leurs boucliers de leurs épées[24], manière assez ridicule, il nous semble, d'imiter la foudre. Les dieux cependant prirent à cœur cette usurpation, ou pour mieux dire cette contrefaçon de leurs armes ordinaires, et le roi d'Albe tomba sous leur tonnerre vengeur.

Fulmineo periit imitator fulminis ictu[25].

« En imitant la foudre il périt foudroyé. »

On trouve dans la *Pharsale* de Lucain un passage très-curieux, relatif au sujet qui nous occupe. Ce poëte prétend qu'un aruspice d'Etrurie, nommé Aruns, également versé dans la connaissance des mouvements du tonnerre et dans l'art divin d'interroger les entrailles des victimes et le vol des oiseaux,

Fulminis edoctus motus, venasque calentes
Fibrarum et monitus errantis in aera pennæ,

savait rassembler les feux de la foudre épars dans le ciel et les enfouir dans la terre[26].

M. H. Martin, dans une très-savante dissertation sur la prétendue science des prêtres étrusques, a dévoilé le charlatanisme de ces prêtres, qui n'avaient d'autre but que d'en imposer à la multitude, aux personnages et aux chefs d'État qui faisaient appel à leurs prédictions ou à leurs prodiges.

« Il est vrai, dit M. H. Martin, que les Étrusques prétendaient *enterrer la foudre* ; mais il est constant que leur procédé consistait à enterrer avec certaines cérémonies, les débris des objets qu'elle avait frappés. Non-seulement aucun fait ne prouve qu'ils aient eu le pouvoir de la faire tomber ou de la diriger ; mais, comme nous l'avons vu, il n'est pas même certain que les anciens Étrusques en aient eu la prétention, et les textes d'où on a voulu le conclure ne parlent que de sacrifices et de cérémonies superstitieuses. Quant à des procédés efficaces employés par les Étrusques pour écarter la foudre, il n'y en a pas de traces. M. Ideler admet que leurs *Livres rituels* pouvaient contenir pour cela quelques recettes. C'est possible, mais rien ne le prouve. Ce qu'il y a de certain, c'est que le contenu des *Livres rituels* et des autres ouvrages étrusques était parfaitement connu des Romains, qui ne connaissaient contre la foudre que des préservatifs absurdes, et que, par conséquent, ceux des Étrusques, s'ils en avaient, et dans quelque ouvrage qu'ils les eussent consignés, n'étaient pas meilleurs[27]. »

Un érudit, membre de l'Académie du Gard, M. La Boëssière, a publié en 1822 un curieux mémoire qui traite des *Connaissances des anciens dans l'art d'évoquer et d'absorber la foudre*[28]. M. La

Boëssière rappelle dans ce mémoire, l'existence de plusieurs médailles qui paraissent se rapporter à son sujet. L'une, décrite par Duchoul, représente le temple de Junon, déesse de l'air : la toiture qui recouvre cet édifice est armée de tiges pointues. L'autre médaille, décrite et gravée par Pellerin, porte pour légende : *Jupiter Elicius* ; le dieu y paraît la foudre en main ; en bas est un homme qui dirige un cerf-volant. Cette dernière médaille présenterait une coïncidence et un rapprochement fort singuliers avec le cerf-volant électrique de Franklin et de Romas. Mais hâtons-nous d'ajouter qu'elle a été reconnue non authentique.

Dans son ouvrage sur la *Religion des Romains*, Duchoul cite d'autres médailles qui présentent l'exergue : XV *Viri sacris faciundis*[29]. On y voit un poisson hérissé de pointes, placé sur un globe ou sur une coupe. M. La Boëssière pense qu'un poisson ou un globe, ainsi armé de pointes, fut le conducteur employé par Numa pour soutirer des nuages le feu électrique, et rapprochant la figure de ce globe de celle d'une tête couverte de cheveux hérissés, il donne une explication ingénieuse du singulier dialogue de Numa avec Jupiter, dialogue rapporté par Valérius Antias, et tourné en ridicule par Arnobe[30], sans que probablement ni l'un ni l'autre le comprît.

Les Hébreux ont-ils eu connaissance de l'électricité ?

Ben David avait avancé que Moïse possédait quelques notions de ses phénomènes. Un savant de Berlin, M. Hirt, a tenté d'appuyer cette conjecture d'arguments plausibles[31]. Mais un autre érudit allemand, Michaëlis, est allé plus loin[32].

Dans une correspondance de Lichtenberg, sur l'*effet des flèches qui surmontaient le temple de Salomon*, Michaëlis fait observer que durant un laps de temps de mille années, le temple de Jérusalem paraît n'avoir jamais été atteint par le feu du ciel. Ce dernier fait n'est pas susceptible de preuves directes. La remarque de Michaëlis acquiert pourtant un certain degré d'importance, si l'on considère, avec Arago, que les anciens auteurs mentionnaient avec un soin remarquable les accidents de cet ordre arrivés à leurs monuments publics. Une forêt de flèches dorées, ou à pointes d'or très-aiguës, couvrait le toit d'une partie du vaste temple de Jérusalem, et au moyen des conduits métalliques établis pour l'écoulement des eaux, ce toit communiquait avec les citernes et les cavités de la montagne sur laquelle le temple était bâti. Comme les toits, les murs et les poutres, les planchers et les portes de chaque appartement étaient dorés, il résultait de l'ensemble de ces dispositions, un système de conducteurs parfaits pour l'écoulement du fluide électrique.

L'historien Josèphe, en décrivant l'extérieur du temple de Jérusalem, nous dit qu'il était partout revêtu de pesantes plaques d'or[33], et que pour empêcher les oiseaux de souiller le toit de leurs excréments, on l'avait hérissé de baguettes pointues en or ou revêtues d'or. Plus loin, décrivant le combat des prêtres contre les Romains après l'incendie du temple, Josèphe nous apprend que les prêtres juifs arrachèrent les *flèches* dont le temple était surmonté, ainsi que les masses de plomb dans lesquelles ces flèches étaient enchâssées, et qu'ils s'en servirent comme de projectiles de guerre. Roland, dans ses annotations sur ce passage, déclare qu'il faut entendre par là les pointes de fer, *obelos ferreos*, qui étaient placées sur le toit du temple pour éloigner les oiseaux.

Le temple de Salomon était un vaste édifice fermé de murailles, en partie couvert de toiture, en partie découvert. Il avait deux parvis extérieurs. Venaient ensuite le parvis des femmes, celui des Israélites, et celui des sacrificateurs où s'élevait l'autel des holocaustes, avec ce que l'on nommait la *mer d'airain*, et qui était un immense vase de métal, porté sur douze figures de bœufs. Au delà de l'autel des holocaustes, commençait le *temple* proprement dit. Précédé d'un large portique ouvert, il était couvert d'une *toiture plane* et décoré de *deux colonnes d'airain creuses*. Une galerie à trois étages régnait le long du temple.

La planche que l'on voit représente le *Temple de Salomon* restauré d'après les beaux travaux de M. de Rougé. Elle reproduit l'un des dessins qui ont été exécutés pour la belle publication de MM. Noblet et Baudry ayant pour titre le *Temple de Jérusalem*.

Il est vraiment curieux que pendant l'espace d'environ mille ans, le temple de Salomon n'ait jamais été frappé de la foudre, ni depuis sa fondation sous Salomon jusqu'à sa ruine sous Nabuchodonosor, ni après la captivité des Hébreux, jusqu'à Hérode, qui fit réparer le temple, jusqu'à sa ruine définitive par les Romains sous l'empereur Titus.

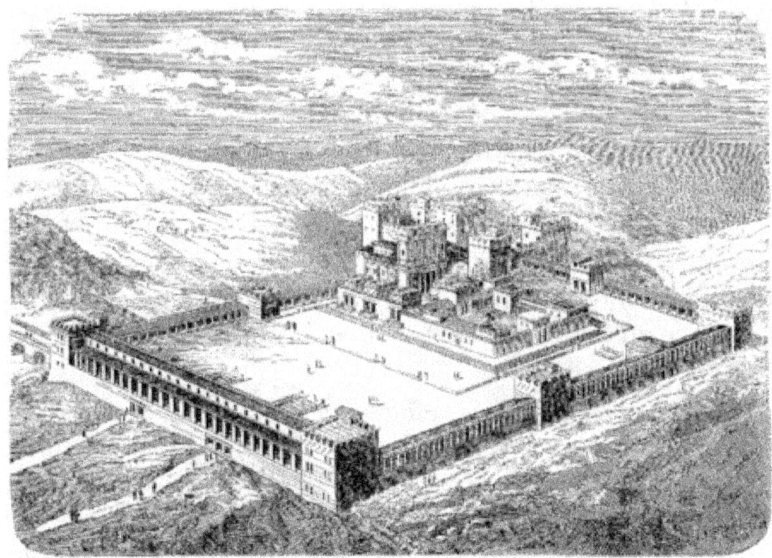

Fig. 260. — Le temple de Salomon à Jérusalem, restauré d'après
les travaux modernes.

Il est manifeste que les masses d'or, de bronze, de métal doré, qui
couvraient le temple, et les flèches qui s'élevaient sur une partie de
la toiture, fonctionnaient comme de véritables paratonnerres, et
en écartaient la foudre. Mais rien ne prouve qu'aucune intention
scientifique eût présidé à l'érection de ces verges métalliques.
L'historien Josèphe nous fait connaître leur destination, quand
il dit qu'elles avaient pour objet d'empêcher les oiseaux de souiller
le toit de leurs excréments. Nous ne voyons pas pourquoi on irait
chercher en dehors de ce texte, une explication qui oblige à prêter
aux Hébreux des connaissances scientifiques qu'on ne leur a jamais
accordées.

La première indication positive d'une méthode destinée, chez les
anciens, à protéger les maisons contre le feu du ciel, se trouve dans
l'ouvrage de Columelle. Cet écrivain établit, en termes exprès, que
Tarchon, disciple du magicien Tagès, et fondateur de la théurgie
étrusque, abritait son habitation en l'entourant de vignes blanches.

Utque Jovis magni prohiberet fulmina Tarchon

Sæpè suas sedes percinxit vitibus albis[34].

On sait que le temple d'Apollon fut, dans le même but, environné de lauriers[35].

Une croyance semblable se retrouvait parmi les habitants de l'Hindoustan, qui employaient autrefois comme préservatifs contre la foudre, des plantes grasses dont ils entouraient leurs demeures.

Un tel moyen d'écarter la foudre n'avait rien que d'absurde. Aussi voyons-nous dans Pline lui-même, que presque toutes les tours élevées devant Terracine et le temple de Féronia, ayant été détruits par le feu du ciel, les habitants renoncèrent à ce singulier genre de retranchements.

Pline prétend encore que la foudre ne descend jamais dans le sol à plus de cinq pieds de profondeur, et que les personnes craintives couvrent leurs maisons de peaux de phoques, les seuls animaux marins que le feu du ciel n'atteigne jamais[36].

On voit que les anciens avaient des idées fort étranges sur l'art d'écarter la foudre, et que les moyens qu'ils préconisaient dans ce but n'étaient pas marqués au coin de la raison.

Ctésias de Cnide, un des compagnons de Xénophon, raconte, dans un passage qui nous a été conservé par Photius, qu'il avait reçu deux épées, l'une des mains de Parisatis, mère d'Artaxercès, l'autre des mains du roi lui-même. Il ajoute :

« Si on les plante dans la terre, la pointe en haut, elles écartent les nuées, la grêle et les orages. Le roi en fit l'expérience devant moi à ses risques et périls[37]. »

Ce qu'on peut objecter contre le moyen dont parle Ctésias, c'est son insuffisance pour écarter les orages, attendu qu'une simple tige pointue de quelques pieds de hauteur, comme une épée plantée dans le sol, n'a jamais joui d'un tel pouvoir. Comment d'ailleurs accorder le moindre crédit à l'assertion de cet historien, quand on voit Ctésias affirmer, dans le même chapitre, qu'il a connaissance d'une fontaine de seize coudées de circonférence, sur une *orgye* de profondeur, qui, tous les ans, se remplissait d'un or liquide, dont on pouvait charger cent cruches !

Le moyen dont parle Ctésias, par son inefficacité absolue, doit donc être placé sur la même ligne que celui signalé par Hérodote, qui prétend que les anciens Thraces désarmaient les nuages orageux en lançant leurs flèches contre le ciel.

Les alchimistes du Moyen âge ont cité avec complaisance un procédé pour faire de l'or au moyen de la foudre mise en bouteille. Ce procédé est rapporté par un vieux cabaliste nommé Holfergen, comme ayant été découvert par Abraham de Gotha, adepte de l'art hermétique.

Abraham de Gotha, qui avait eu cette belle idée se serait fait sans doute un nom célèbre dans l'histoire de l'alchimie, sans une circonstance fâcheuse. Il fut pendu à l'âge de trente-six ans, pour cause de sortilège. Pour faire de l'or, le disciple d'Hermès conseillait de recueillir la foudre dans une fiole pleine d'eau. Après avoir fait évaporer lentement le liquide, en récitant certaines oraisons, cet heureux adepte retrouvait toujours au fond de sa cornue, une masse d'or d'un poids égal à celui de l'éclair qu'il avait su liquéfier.

Notre cabaliste ne paraît nullement douter du fait. Il prétend même que cette recette fut pratiquée bien avant Abraham de Gotha, par les Gaulois, du temps de César :

« Ces morceaux d'or, retrouvés dans les lacs des Gaules, nous dit-il, n'étaient que de la foudre concrétée. En temps d'orage, les Éduens et les Tolosains se couchaient près des fontaines, après avoir allumé une torche et planté à côté d'eux leur épée nue la pointe en haut. Il advenait que la foudre tombait souvent sur la pointe de l'épée, sans faire de mal au guerrier, et s'écoulait innocemment dans l'eau où, après s'être liquéfiée, elle finissait par se solidifier dans les temps de grande chaleur. »

S'il faut s'en rapporter aux *Lettres de Gerbert*, qui ont été publiées par M. Barse (d'Aurillac), Gerbert, ce savant illustre qui, au Xe siècle, ceignit la tiare pontificale, sous le nom de Svlvestre II, aurait inventé, dans les derniers temps de sa vie, le moyen d'écarter la foudre. Quand l'orage grondait, Gerbert faisait planter en terre de longs bâtons, terminés par un fer de lance très-aigu. Jalonnés de distance en distance, ces pieux empêchaient, disait-on, les effets désastreux des orages. Mais le moyen préconisé par le pape Sylvestre II ne pouvait pas jouir de beaucoup plus d'efficacité pour écarter la foudre, que les épées plantées en terre par les soldats éduens, par cette raison qu'il ne suffit pas d'élever en l'air un corps pointu pour annuler les effets de l'électricité atmosphérique ; mais qu'il faut que ce corps, choisi parmi les meilleurs conducteurs de l'électricité, soit mis lui-même en communication permanente avec une partie humide, dans les profondeurs du sol, au moyen d'une tige ou d'une chaîne très-conductrice de l'électricité. Privées de conducteurs, ces tiges pointues ne peuvent qu'attirer la foudre, au lieu de la détourner.

Pour terminer cette revue des moyens dont les anciens auteurs ont parlé, comme propres à écarter la foudre, nous pouvons ajouter qu'au siècle de Charlemagne, on élevait dans les champs de longues perches, espérant prévenir ainsi la grêle et les orages. Mais hâtons-nous d'ajouter, pour réduire ce fait à sa valeur réelle, que ces perches étaient regardées comme inefficaces, si elles n'étaient pas munies, à leur extrémité, de morceaux de papier. Par un capitulaire de l'an 789, Charlemagne proscrivit cet usage, qu'il qualifiait de superstitieux.

On voit que ce dernier moyen d'écarter les orages était l'analogue de celui dont font usage aujourd'hui les soldats de la Chine, qui, pour repousser l'ennemi, plantent en terre des piques de bois, surmontées de morceaux de papier, couverts de caractères magiques. Nous avons rapporté, la plupart de tous les textes et des faits cités par les auteurs qui prétendent retrouver dans l'antiquité des traces de l'art de maîtriser la foudre et de conjurer ses effets. Tous ces textes sont impuissants pour démontrer que l'on ait eu connaissance d'un tel secret dans les âges qui ont précédé le nôtre. Peut-être à la rigueur pourrait-on inférer de quelques-uns, que, dans quelques circonstances, et chez certains peuples, tels que les Hébreux, lors de la construction du temple de Salomon, le hasard put révéler une forme rudimentaire du paratonnerre, et la pratique en confirmer les effets utiles. Mais cette concession, que l'on pourrait faire aux partisans de l'antiquité, n'entraînerait nullement à accorder aux anciens des notions positives concernant les phénomènes électriques. Le hasard ou l'empirisme aurait pu enseigner, plus ou moins obscurément, à travers le cours des âges, quelques pratiques utiles sur l'art d'écarter la foudre, sans que, pour cela, les personnes en possession de ce moyen, aient pu se rendre compte de leur véritable action, sans qu'elles aient été dirigées par des principes scientifiques.

Louis Figuier

CHAPITRE II

FAITS NATURELS ET OBSERVATIONS QUI ONT PU CONDUIRE À LA
DÉCOUVERTE DE L'IDENTITÉ DE LA FOUDRE ET DE L'ÉLECTRICITÉ.
— FAITS RAPPORTÉS PAR LES HISTORIENS LATINS. — OBSERVATIONS
CONSIGNÉES DANS L'HISTOIRE MODERNE. — LE CHATEAU DE DUINO,
DANS LE FRIOUL. — LE FEU SAINT-ELME. — MANIFESTATIONS
ÉLECTRIQUES EN MER. — SCINTILLATIONS ÉLECTRIQUES DANS
LES ALPES. — DÉCOUVERTE DE L'ANALOGIE DE LA FOUDRE ET DE
L'ÉLECTRICITÉ. — WALL. — GREY. — JEAN FREKE ET BENJAMIN
MARTIN. — L'ABBÉ NOLLET. — QUESTION POSÉE PAR L'ACADÉMIE
DE BORDEAUX. — MÉMOIRE DE BARBERET, DE DIJON, SUR LA
RESSEMBLANCE DU TONNERRE ET DE L'ÉLECTRICITÉ. — MÉMOIRE
DE ROMAS, DE NÉRAC.

L'électricité se trouve répandue dans la nature avec une telle
abondance, que ses effets ont pu se manifester spontanément aux
yeux des hommes, dans une foule de circonstances diverses. À
toutes les époques, on a constaté des apparitions, des scintillations
lumineuses, des attractions et des mouvements, qui avaient
l'électricité pour cause. Mais avant que la science fût en possession
de données exactes sur ces phénomènes météoriques, c'est-à-dire
avant la connaissance et l'étude de l'électricité, il était impossible
de rattacher entre eux par un lien commun les faits de ce genre
que l'observation révélait de loin en loin. Il fallait avoir des
notions positives sur l'électricité, pour comprendre que beaucoup
d'accidents extérieurs et de phénomènes naturels, dépendaient
d'une cause de ce genre et obéissaient à la même loi.

C'est ce qui explique que, depuis l'antiquité jusqu'à la fin du
dernier siècle, les physiciens aient pu, dans un grand nombre de
cas, être témoins de manifestations extérieures du fluide électrique,
sans soupçonner la nature ni pouvoir fournir l'explication de ces
phénomènes.

Une revue des principales observations de ce genre que l'histoire
nous a conservées, prouvera suffisamment que beaucoup de faits
naturels, qui ont été remarqués à différentes époques, avaient pour
cause une action électrique, et auraient pu mettre les savants sur la
voie d'une grande découverte, c'est-à-dire dévoiler l'identité de la

foudre et de l'électricité, ou du moins faire constater l'existence de l'électricité libre dans l'atmosphère.

Le cheval que montait, à Rhodes, l'empereur Tibère, étincelait sous la main qui le frottait fortement. On citait un autre cheval doué de cette propriété. Le père de Théodoric, et quelques autres, avaient observé ce même phénomène sur leur propre corps[38].

Mais les Romains avaient une manière commode d'éviter l'explication embarrassante d'un phénomène physique. On mit ces faits au rang des prodiges, ce qui dispensa de tout examen.

Pendant la nuit qui précéda la victoire que Posthumius remporta sur les Sabins, les javelots des soldats romains jetaient autant de clarté que des flambeaux. Lorsque Gylippus allait à Syracuse, on vit une flamme sur sa lance[39].

Suivant Procope, le ciel favorisa Bélisaire du même prodige pendant la guerre contre les Vandales[40].

On lit dans Tite-Live que Lucius Atreus ayant acheté un javelot pour son fils, qui venait d'être enrôlé parmi les soldats, cette arme parut embrasée, et jeta des flammes pendant plus de deux heures, sans être consumée par ce même feu[41].

Plutarque, dans la *Vie de Lysandre*, fait mention de deux faits de cette nature :

« Les piques de quelques soldats en Sicile, et une canne que portait à sa main un cavalier, en Sardaigne, parurent en feu. Les côtes furent aussi lumineuses et brillèrent de feux fréquents. »

Pline a observé le même phénomène sur des soldats qui étaient en faction la nuit sur les remparts :

« Les étoiles paraissaient tant sur terre que sur mer. J'ai vu une lumière sous cette forme sur les piques des soldats qui étaient en faction la nuit sur les remparts. On en a vu aussi sur les vergues et autres parties des vaisseaux, qui rendaient un son intelligible et changeaient souvent de place. Deux de ces lumières prédisaient un bon temps et un heureux voyage, et en chassaient une autre qui paraissait seule et qui avait un aspect menaçant. Les marins appellent celle-ci *Hélène* ; mais ils nomment les deux autres *Castor* et *Pollux*, et les invoquent comme des dieux. Ces lumières se posent quelquefois vers le soir sur la tête des hommes, et sont d'un bon et favorable présage[42]. »

« Mais, ajoute Pline en style magnifique, ces choses sont encore cachées dans la majesté de la nature (*incerta ratione et in naturæ majestate abdita*).

César rapporte, dans ses *Commentaires*, que, pendant la guerre d'Afrique, après un orage affreux, qui jeta toute l'armée romaine dans le plus grand désordre, la pointe des dards d'un grand nombre de soldats brilla d'une lumière spontanée. De Courtivron[43], de l'ancienne Académie des sciences, a cru le premier pouvoir rapporter ce phénomène à l'électricité. Voici le passage de César :

« Vers ce temps-là parut dans l'armée de César un phénomène extraordinaire. Au mois de février, vers la seconde veille de la nuit, il s'éleva subitement un nuage épais suivi d'une grêle terrible ; et, la même nuit, les pointes des piques de la cinquième légion parurent s'enflammer[44]. »

L'histoire moderne fournit un grand nombre d'exemples de ces apparitions de flammes à l'extrémité des corps pointus. Tant que l'on ignora la cause de ces phénomènes, on y fit peu d'attention ; mais on les a recueillis avec soin dès que l'on a reconnu leur corrélation avec l'électricité atmosphérique.

De tous ces faits appartenant aux temps modernes, le plus curieux est assurément le suivant, qui a été publié pour la première fois par un physicien d'Italie, et reproduit ensuite dans l'un des Mémoires de l'abbé Nollet à l'Académie des sciences[45].

Sur un des bastions du château de Duino, situé dans le Frioul, au bord de la mer Adriatique, il y avait, de temps immémorial, une pique plantée verticalement, la pointe en haut. Dans l'été, lorsque le temps paraissait tourner à l'orage, le soldat qui montait la garde sur ce bastion, présentait de près, au fer de cette pique, le fer d'une hallebarde (*brandistoco*) qui était toujours placée là pour cette épreuve. Si le fer de la pique étinçelait beaucoup à l'approche de celui de la hallebarde, et qu'il jetât, par sa pointe, une aigrette lumineuse, la sentinelle sonnait aussitôt une cloche, qui se trouvait là. Les gens de la campagne et les pêcheurs en mer se trouvaient ainsi avertis de l'approche du mauvais temps, et sur cet avis chacun pouvait rentrer chez soi. L'ancienneté de cette pratique est prouvée par la tradition du pays, et par une lettre du P. Imperati, bénédictin, datée de 1602, dans laquelle il est dit, en faisant allusion à cet usage des habitants de Duino : *Igne et hastâ utuntur, ad imbres, grandines pracellasque prœsagiendas, tempore prœsertim œstivo.*

Fig. 261. — Les piques de l'armée de César étincellent à la suite d'un orage.

Rien de plus curieux, rien de plus remarquable assurément,

que cette coutume, qui fut sans doute révélée par quelque hasard heureux, aux habitants de cette partie des rives de l'Adriatique.

On a de tout temps observé, pendant les orages, des apparences, des aigrettes, des scintillations lumineuses brillant à l'extrémité des corps pointus qui sont très-élevés dans l'air, comme les mâts des vaisseaux et les clochers des églises. Tous les navigateurs ont signalé ces apparitions de lumière à la pointe des mâts, des vergues ou des cordages des vaisseaux. Dans l'antiquité, ces étincelles ou ces flammes étaient regardées comme des présages. Une seule flamme, qui recevait alors le nom d'*Hélène*, était un signe menaçant pour la traversée. Deux flammes (*Castor et Pollux*) prédisaient au contraire, du beau temps et un voyage heureux.

Ce phénomène météorologique a reçu différents noms chez les modernes : en France, c'est le *feu Saint-Elme*, en Italie *le feu de Saint-Pierre, de Saint-Nicolas*, etc. Personne n'ignore que ces aigrettes lumineuses sont de véritables et fortes étincelles électriques, tirées des nuages orageux par la pointe des mâts.

Plutarque cite de nombreux exemples de ces apparitions lumineuses ; nous ne rapporterons que la suivante :

« Au moment, dit Plutarque, où la flotte de Lysandre sortait du port de Lampsaque pour attaquer la flotte athénienne, les étoiles de Castor et de Pollux allèrent se placer des deux côtés de la galère de l'amiral lacédémonien. »

Les croyances, les mœurs, changent avec les siècles, mais les superstitions sont de tous les temps, et se transmettent, presque sans altération, d'âge en âge. Si l'on veut savoir comment les navigateurs au temps de Christophe Colomb envisageaient le phénomène dont nous parlons, il faut lire, dans l'ouvrage célèbre *Vie de l'amiral*, écrit par le fils de Christophe Colomb, ce curieux passage.

« Dans la nuit du samedi (octobre 1493, pendant le second voyage de Colomb), il tonnait et pleuvait très-fortement. Saint-Elme se montra alors sur le mât de perroquet avec sept cierges allumés, c'est-à-dire que l'on aperçut ces feux que les matelots croient être le corps du saint. Aussitôt, on entendit chanter sur le bâtiment force litanies et oraisons, car les gens de mer tiennent pour certain que le danger de la tempête est passé, dès que Saint-Elme paraît. »

Fig. 262. — Le feu Saint-Elme brillant à la pointe des mâts du navire de Christophe-Colomb.

Herrera nous apprend que les matelots de Magellan avaient la même superstition.

« Pendant les grandes tempêtes, dit-il, Saint-Elme se montrait au sommet du mât de perroquet, tantôt avec un cierge allumé, et tantôt avec deux. Ces apparitions étaient saluées par des acclamations et des larmes de joie. »

Le passage suivant emprunté aux *Mémoires de Forbin*, présente un autre exemple du même phénomène, avec des proportions extraordinaires :

« Pendant la nuit (en 1696, par le travers des Baléares), il se forma tout à coup un temps très-noir, accompagné d'éclairs et de tonnerres épouvantables. Dans la crainte d'une grande tourmente dont nous étions menacés, je fis serrer toutes les voiles. Nous vîmes sur le vaisseau plus de trente feux Saint-Elme. Il y en avait un, entre autres, sur le haut de la girouette du grand mât, qui avait plus d'un pied et demi (0^m, 50) de hauteur. J'envoyai un matelot pour le descendre. Quand cet homme fut en haut, il cria que ce feu faisait un bruit semblable à celui de la poudre qu'on allume, après l'avoir mouillée. Je lui ordonnai d'enlever la girouette et de venir ; mais à peine l'eut-il ôtée de place, que le feu la quitta et alla se poser sur le bout du mât, sans qu'il fût possible de l'en retirer. Il y resta assez longtemps, jusqu'à ce qu'il se consuma peu à peu. »

En parlant du feu Saint-Elme, dans sa *Notice sur le tonnerre*, Arago fait connaître sur ce sujet deux autres faits intéressants.

Fynes Moryson, secrétaire de lord Montjoy, rapporte, dit Arago, qu'au siège de Kingsale, le 23 décembre 1601, le ciel étant sillonné par des éclairs sans tonnerre, les cavaliers ou sentinelles virent des *lampes qui semblaient brûler* à la pointe de leurs lances et de leurs épées.

Le 25 janvier 1822, M. de Thielaw, se rendant à Freiberg, pendant une averse de neige, remarqua sur la route que les extrémités des branches de tous les arbres étaient lumineuses.

En Allemagne, la tour de Naumbourg était citée comme présentant souvent des feux Saint-Elme à son sommet. Au mois d'août 1768, Lichtenberg aperçut une flamme pareille sur le clocher de la tour Saint-Jacques à Gœttingue. Le 22 janvier 1728, pendant un violent orage accompagné de pluie et de grêle, M. Mongez remarqua des aigrettes lumineuses sur plusieurs sommités les plus élevées de la ville de Rouen.

En 1783, Sauvan publia que le 22 juillet, par une nuit orageuse, il avait aperçu, pendant trois quarts d'heure, une couronne de lumière autour de la voûte du clocher des Grands-Augustins à Avignon[46].

Deux naturalistes célèbres du XVe siècle, Aldrovande, de Bologne, et Hermolaus Barbarus, de Venise, disent avoir vu quelquefois, à des hauteurs considérables, des corbeaux dont le bec jetait une vive lumière par les temps d'orage. C'est peut-être, ajoute le naturaliste Guéneau (de Montbéliard), quelque observation de ce genre qui a valu à l'aigle le titre de ministre de la foudre.

M. Binon, curé de Plauzet, assurait que pendant vingt-sept ans qu'il résida dans cette paroisse, les trois pointes de la croix du clocher paraissaient environnées d'un corps de flamme dans les grandes tempêtes. Quand ce phénomène s'était montré, la tempête n'était plus à craindre, car le calme succédait aussitôt[47].

Pacard, secrétaire de la paroisse du prieuré de la montagne

du Brevent, située en face du mont Blanc, faisait creuser les fondements d'un chalet qu'il voulait construire dans une prairie, lorsqu'un violent orage se déclara. Il se réfugia sous un rocher peu éloigné, et vit le feu électrique briller à plusieurs reprises sur la tête d'un grand levier de fer planté en terre, qu'il avait laissé en se retirant[48].

Si l'on monte sur la cime d'une montagne, on pourra être électrisé par une nuée orageuse, comme le sont les pointes des girouettes et des mâts.

C'est ce qu'éprouvèrent, en 1767, Pictet, de Saussure et Jallabert fils, sur la cime du Brevent. Le premier de ces savants, à mesure qu'il marquait sur son plan, la position de quelque montagne, en demandait le nom aux guides qu'on avait pris ; et pour la leur désigner, il la montrait du doigt en élevant la main. « Il s'aperçut que chaque fois qu'il faisait ce geste, il sentait au bout de son doigt une espèce de frémissement ou de picotement, semblable à celui qu'on éprouve lorsque l'on s'approche d'un globe de verre fortement électrisé. » L'électricité d'un nuage orageux, qui était vis-à-vis, fut la cause de cette sensation. L'effet fut le même sur les compagnons et les guides du voyage, et la force de l'électricité augmentant bientôt, la sensation produite par l'électricité devint à chaque instant plus vive ; elle était même accompagnée d'une espèce de sifflement. Jallabert, qui avait un galon à son chapeau, entendait autour de sa tête un bourdonnement effrayant, que les autres personnes entendirent aussi quand elles le mirent à leur tour sur leur tête. On tirait des étincelles du bouton d'or de ce chapeau, de même que de la virole de métal d'un grand bâton.

L'orage pouvant devenir dangereux, on descendit à dix ou douze toises plus bas, où l'on ne sentit plus d'électricité. Bientôt après il survint une petite pluie, l'orage se dissipa, et l'on remonta au sommet, où l'on ne trouva plus aucun signe d'électricité[49]. Ainsi, à toutes les époques, on a vu se manifester des phénomènes météoriques qui avaient l'électricité pour cause ; mais en l'absence de connaissances positives sur ce grand agent de la nature, ces phénomènes ne pouvaient être qu'un objet de curiosité. Un étonnement stérile était le seul sentiment que ce spectacle pût exciter, lorsqu'une idée superstitieuse ne venait pas couper court à toute tentative d'explication.

Louis Figuier

Bien que connus et depuis longtemps enregistrés dans les annales historiques, ces faits restèrent donc, pendant des siècles, isolés et inutiles pour la science. Cette mine précieuse, qui devait être un jour si féconde en découvertes, apparaissait par intervalles et se dévoilait aux yeux des hommes par quelque filon brillant, par quelque lumineuse échappée ; mais cet appel à l'investigation scientifique demeurait sans résultat. Nul ne pouvait encore essayer de remonter jusqu'à la source où se cachaient tant de merveilles. Un travail de ce genre ne put être entrepris qu'après qu'une physique plus avancée eut soumis à ses études les phénomènes électriques. Alors, seulement, tous les accidents météorologiques qui constituent des manifestations de l'électricité naturelle, apparurent sous leur véritable jour et purent être rapportés à leur origine exacte.

L'analogie des effets de la foudre avec ceux de l'électricité est tellement saisissante, tellement naturelle, qu'elle fut aperçue par les physiciens, dès les premiers temps de la connaissance des phénomènes électriques. Ce que l'on observe en petit sur le conducteur d'une machine électrique, c'est-à-dire, l'éclat et le bruit de l'étincelle, la lumière de l'éclair et la détonation de la foudre le reproduisent en grand.

Cette comparaison et ce rapprochement, sont si simples, si naturels, que l'idée en est venue à tous les physiciens, et cela, on peut le dire, dès le moment même où l'on a eu connaissance de l'étincelle électrique.

Le docteur Wall était un physicien anglais contemporain d'Otto de Guericke et qui, par conséquent, vivait vers 1650. Avant même que le célèbre consul de Magdebourg eût construit son globe de soufre, c'est-à-dire la première machine électrique que la science ait possédée, Wall, qui n'était pourtant qu'un observateur d'un mince mérite, apercevant pour la première fois, l'étincelle tirée d'un gros morceau d'ambre, exprima tout aussitôt l'idée de la ressemblance de cette étincelle avec l'éclair. Cette remarque de Wall est assez curieuse pour mériter d'être rapportée textuellement. Comme nous l'avons vu dans l'histoire de la machine électrique, Otto de Guericke n'avait obtenu qu'une faible lueur en frottant son globe de soufre ; Wall parvint à produire une lumière plus marquée en frictionnant doucement avec la main bien sèche, ou avec une étoffe de laine, un gros morceau d'ambre auquel il avait donné la forme d'un cône. En présentant le doigt à une petite distance de l'ambre ainsi frotté, Wall entendit un petit craquement suivi d'une forte étincelle. Il compara alors cette lumière à l'éclair, et le craquement au tonnerre.

« En frottant rapidement, dit Wall, le morceau d'ambre avec du drap, et en le serrant assez fortement avec ma main, on entendit un nombre prodigieux de petits craquements, et chacun d'eux produisit un petit éclat de lumière ; mais lorsqu'on frotta l'ambre doucement et légèrement avec le drap, il produisit seulement de la lumière et point de craquement. Si quelqu'un présentait le doigt à une petite distance de l'ambre, on entendait un grand craquement, suivi d'un grand éclat de lumière. Ce qui me surprend beaucoup en cette éruption, c'est qu'elle frappe le doigt très-sensiblement et y cause une impression de vent, à quelque endroit qu'on le présente. Le craquement est aussi fort que celui d'un charbon sur le feu, et une seule friction produit cinq ou six craquements, ou plus, suivant la promptitude avec laquelle on place le doigt, dont chacun est toujours suivi de lumière. Maintenant je ne doute pas qu'en se servant d'un morceau d'ambre plus long et plus gros, les craquements et la lumière ne fussent l'un et l'autre beaucoup plus grands. *Cette lumière et ce craquement paraissent en quelque façon représenter le tonnerre et l'éclair*[50]. »

Il est bien curieux et bien décisif de voir cette analogie entre l'électricité et le tonnerre, reconnue dès l'observation des premiers phénomènes électriques.

En 1735, le physicien Grey, dont les travaux appartiennent à l'enfance de la science électrique, exprimait la même analogie dans les termes les plus formels :

« Quoique ces effets jusqu'à présent n'aient été produits que très en petit, nous dit Grey, il est probable qu'on pourra, avec le temps, trouver une façon de rassembler une plus grande quantité de feu électrique, et par conséquent d'augmenter la force de ce feu qui, d'après plusieurs expériences (*silicet magnis componere parva*), semble être de la même nature que celle du tonnerre et de l'éclair[51]. »

Fig. 203. — Le physicien Wall, au XVIIe siècle, découvre
l'analogie de l'étincelle électrique avec l'éclair et le tonnerre.

Jean Freke, membre de la *Société royale de Londres*, et Benjamin
Martin, lecteur de physique, ont également dans leurs mémoires,
signalé clairement la même analogie[52].

En France, l'abbé Nollet mit en avant cette pensée sous la forme
d'une probabilité séduisante. Le passage, bien souvent cité, dans
lequel ce physicien parle de l'analogie de l'électricité et de la
foudre, se trouve au quatrième volume de ses *Leçons de physique
expérimentale*, qui parut en 1748.

« Si quelqu'un, par exemple, dit l'abbé Nollet, entreprenait de
prouver par une comparaison bien suivie de phénomènes, que
le tonnerre est entre les mains de la nature, ce que l'électricité
est entre les nôtres, que ces merveilles dont nous disposons
maintenant à notre gré, sont de petites imitations de ces grands
effets qui nous effraient, et que tout dépend du même mécanisme ;
si l'on faisait voir qu'une nuée préparée par l'action des vents,
par la chaleur, par le mélange des exhalaisons, etc., est, vis-à-vis
d'un objet terrestre, ce qu'est le corps électrisé en présence et à

une certaine proximité de celui qui ne l'est pas, j'avoue que cette idée, si elle était bien soutenue, me plairait beaucoup. Et pour la soutenir, combien de raisons spécieuses ne se présentent pas à un homme qui est au fait de l'électricité ? L'universalité de la matière électrique, la promptitude de son action, son inflammabilité et son activité à enflammer d'autres matières ; la propriété qu'elle a de frapper les corps extérieurement et intérieurement jusque dans leurs moindres parties ; l'exemple singulier que nous avons de cet effet dans l'expérience de Leyde, l'idée qu'on peut légitimement s'en faire, en supposant un plus grand degré de vertu électrique, etc. ; tous ces points d'analogie que je médite depuis quelque temps, commencent à me faire croire qu'on pourrait, en prenant l'électricité pour modèle, se former, touchant le tonnerre et les éclairs, des idées plus saines et plus vraisemblables que tout ce qu'on a imaginé jusqu'à présent[53]. »

Le même soupçon de l'analogie des effets du tonnerre avec ceux de l'électricité a été émis, après Nollet, par divers autres physiciens, parmi lesquels nous citerons Winckler en Allemagne, et Hales en Angleterre.

Déjà, en 1726, l'Académie des sciences de Bordeaux avait décerné son prix annuel à un mémoire du révérend Père Lozeran du Fech, natif de Perpignan, *sur la cause du tonnerre et des éclairs*. Dans ce mémoire, la cause du tonnerre était rapportée à l'embrasement des exhalaisons terrestres, selon la doctrine alors en vogue. Mais les phénomènes électriques qui furent signalés sur ces entrefaites, déterminèrent, en 1749, l'Académie de Bordeaux à remettre la même question au concours.

Le prix fut accordé en 1750, à un médecin de Dijon, nommé Barberet, qui admettait l'analogie de la foudre avec l'électricité, sans invoquer toutefois aucune expérience, et qui ne traitait la matière que par de simples considérations générales, dans le goût des dissertations académiques de cette époque.

Cette décision de l'Académie de Bordeaux couronnant de ses palmes la doctrine de l'analogie de la foudre avec l'électricité, montre bien, selon nous, à quel point cette opinion était alors dans le courant des idées générales. Les Académies ne sont pas novatrices. L'histoire et les exemples contemporains, montrent suffisamment qu'elles représentent, dans les sciences, l'esprit du passé et le maintien rigoureux des opinions reçues. S'attachant surtout à conserver le dogme scientifique le plus généralement accepté, elles ne peuvent représenter l'idée de l'avenir, ni celle du progrès. Or, puisque en France, une Académie prenait sous son patronage l'idée de l'origine électrique du tonnerre, on peut en conclure que c'était là une doctrine en parfaite harmonie avec les opinions scientifiques du temps.

La distinction accordée par l'Académie de Bordeaux au mémoire de Barberet, de Dijon, dans lequel on posait nettement le principe de l'analogie de la foudre avec l'électricité, imprima une impulsion nouvelle aux recherches déjà entreprises sur ce sujet. Parmi les physiciens qui embrassèrent cette idée avec le plus d'ardeur, il faut citer surtout de Romas, l'un des membres les plus actifs de l'Académie de Bordeaux.

Né dans la petite ville de Nérac, qui fut aussi le berceau des Montesquieu, appartenant à une famille noble de la province de Guyenne, de Romas n'était pas un savant de profession ; il était lieutenant assesseur au présidial de Nérac, c'est-à-dire simple juge au tribunal civil de cette ville. Il était entré dans la carrière de la magistrature. Une fois en possession de la place modeste d'assesseur au présidial de sa ville natale, il put se livrer à la vocation bien décidée qui le portait vers l'étude des sciences. Il possédait en physique des connaissances solides et variées. Si l'on consulte ses nombreux écrits, et en particulier ses recherches sur le magnétisme des corps, on voit qu'il avait abordé les parties les plus élevées et les plus difficiles de la physique de son temps. Comme s'il eût trouvé trop étroit pour ses facultés le champ de cette dernière science, il s'occupait encore de mécanique, de géographie, de navigation, d'agriculture, d'élève des bestiaux, et sur ces divers sujets, il a laissé en manuscrits ou imprimés, trois gros volumes de mémoires.

Peu de jours après la publication du travail de Barberet, de Dijon, c'est-à-dire au mois d'août 1750, Romas présenta à l'Académie de Bordeaux un mémoire qui avait pour objet de signaler les ressemblances physiques entre la foudre et l'électricité. Cet écrit fut composé à l'occasion d'un coup de tonnerre qui, le 30 juillet 1750, avait frappé le château de Tampouy, situé près de Nérac dans la sénéchaussée de Marsan, diocèse d'Aire. Il a pour titre : *Observation qui prouve que la foudre a non-seulement deux barres de feu, de même que l'électricité a deux étincelles ; mais que, de même que l'électricité, elle a aussi deux attractions.* Romas cherche à prouver dans cet écrit : 1° Que la foudre a, comme l'électricité, deux barres de feu, c'est-à-dire probablement deux pôles opposés ; 2° que la foudre exerce, comme l'électricité, une attraction sur les corps environnants. « Ce qui étant bien constaté, dit Romas, on en pourra inférer que la foudre ressemblant aux phénomènes fondamentaux de l'électricité, *elle lui est analogue en toutes les dernières particularités*[54]. »

Romas donne, dans ce mémoire, une description minutieuse des effets produits par la chute de la foudre sur le château de Tampouy. Il paraît que deux lames de feu se croisèrent à plusieurs reprises, avec des sifflements très-intenses, et que des corps solides volumineux furent soulevés et transportés au loin. Romas vit dans ces particularités une ressemblance avec le phénomène d'attraction et de répulsion des corps légers par le fluide électrique, comme avec la double étincelle qui, selon lui, part entre deux conducteurs au moment de la décharge électrique. Ces rapprochements étaient sans doute inexacts, mais ils frappèrent beaucoup l'imagination de l'observateur, qui termine son travail par les lignes suivantes :

« Je me réserve, si ce mémoire est bien reçu, de traiter un peu plus amplement, dans un autre que je me propose de donner sous la forme d'un ouvrage lié de toutes les parties qui me paraîtront les plus propres à faire connaître l'analogie de la foudre et de l'électricité[55]. »

Le mémoire que nous venons de citer, prouve avec évidence, que, dès l'année 1750, le physicien de Nérac avait pénétré la nature du tonnerre, et qu'il avait poussé fort loin cette idée de l'identité de la foudre et de l'électricité qui commençait à prendre faveur chez les électriciens de l'Europe.

La question historique que nous venons de traiter concernant la découverte du grand fait de l'identité de l'électricité et de la foudre, met encore une fois en évidence une vérité que nous avons déjà essayé de faire ressortir dans cet ouvrage : c'est qu'il est impossible d'accorder à un seul homme l'honneur d'une grande invention scientifique, et que les découvertes importantes naissent toujours, non des efforts isolés d'un homme de génie, mais d'un concours lent et successif de travaux dirigés vers un but commun.

La science et le temps préparent les éléments divers des grandes découvertes ; il arrive dès lors un moment où la même idée se présente à la fois à un grand nombre d'esprits, parce qu'elle est la conséquence d'une foule de travaux entièrement accomplis. On a attribué, tantôt à Wall, tantôt à Franklin, tantôt à l'abbé Nollet, la gloire d'avoir démontré les premiers l'analogie physique de la foudre et de l'électricité. Ce n'est à aucun de ces savants en particulier que revient le mérite de cette pensée ; elle était l'expression et le résultat de l'ensemble des travaux des physiciens du dernier siècle. C'est à la science collective, à la réunion de tous les efforts, et non à l'unique inspiration d'un homme de génie, que l'humanité est redevable de la plupart des grandes conquêtes scientifiques qui font son bonheur ou sa gloire.

CHAPITRE III

TRAVAUX DE FRANKLIN CONCERNANT L'ANALOGIE ENTRE L'ÉLECTRICITÉ ET LA FOUDRE. — HYPOTHÈSE QU'IL PROPOSE QUANT À L'ORIGINE DU TONNERRE. — DÉCOUVERTE DU POUVOIR DES POINTES.

Nous venons de voir la doctrine de l'identité de la foudre et de l'électricité, faire en Europe des progrès rapides ; nous allons la voir s'avancer, en Amérique, d'un pas encore plus assuré, et prendre, entre les mains de Franklin, sa constitution définitive.

Comme tous les physiciens de son temps, Franklin avait été frappé de l'analogie que présentent l'étincelle électrique et le trait de la foudre. Pendant que l'Académie de Bordeaux couronnait solennellement, en séance publique, le mémoire de Barberet, de Dijon ; pendant que Romas écrivait son mémoire *sur le coup de foudre de Tampouy*, Franklin exprimait, dans ses *Lettres*, des réflexions qui tendaient à établir l'étroite ressemblance du tonnerre et de l'électricité[56].

C'est dans la quatrième lettre et dans une partie de la suivante, que Franklin expose l'idée de l'analogie de l'électricité et du tonnerre. Mais hâtons-nous de dire, pour bien éclairer le récit qui va suivre, que Franklin ne présente cette pensée qu'à titre d'hypothèse. Il se borne à la soumettre aux physiciens, ajoutant que l'expérience prononcera plus tard sur ce point de théorie.

Les deux lettres de Franklin, en partie consacrées au sujet qui nous occupe, sont d'une confusion extrême : il faut en élaguer beaucoup de parties inutiles, pour saisir, dans sa simplicité, la théorie de l'identité de l'électricité et de la foudre. Nous allons en donner l'analyse, en retranchant tout ce qui se rapporte à des objets étrangers à ce sujet.

Voici donc comment Franklin, après beaucoup de considérations vulgaires et surannées sur les nuages, les vapeurs et la pluie, fait ressortir, dans sa *quatrième lettre*, les analogies du tonnerre et de l'électricité, pour conclure, dans la lettre suivante, que cette hypothèse est fort admissible, et finalement, donner le plan d'une expérience qu'il n'a pas faite lui-même, mais qu'il conseille aux physiciens d'exécuter, afin de vérifier la justesse de sa conjecture.

1° Franklin fait remarquer que les éclairs ont une forme ondoyante et crochue ; or il en est de même, selon lui, de l'étincelle électrique, quand on la tire à quelque distance d'un corps irrégulier.

2° Le tonnerre frappe de préférence les objets élevés et pointus, tels que les hautes montagnes, les arbres, les tours, les clochers, les mâts de vaisseaux, les pointes de piques, etc. ; de même, selon lui, tous les conducteurs pointus sont plus accessibles à l'électricité que les surfaces plates.

3° Le tonnerre suit toujours le meilleur conducteur et le plus à sa portée ; l'électricité se conduit de même dans la décharge de la bouteille de Leyde. Selon Franklin, il serait plus sûr, durant l'orage, d'avoir ses habits humides que secs, parce que l'eau transmettrait en grande partie la matière du tonnerre jusqu'au sol, et garantirait ainsi le corps. Il assure qu'un rat mouillé ne peut pas être tué par l'explosion de la bouteille de Leyde, et qu'au contraire cet animal est tué par la même décharge quand il est sec.

4° Le tonnerre met le feu aux matières combustibles ; ainsi se comporte l'électricité.

5° Le tonnerre fond quelquefois les métaux ; l'électricité produit le même effet.

6° Le tonnerre déchire certains corps ; l'électricité produit le même résultat. Franklin rappelle que l'étincelle électrique perce un cahier de papier.

7° On a vu souvent des personnes rendues aveugles par le tonnerre ; Franklin a vu un pigeon frappé de cécité par une commotion de la bouteille de Leyde.

8° Le tonnerre tue les animaux ; on a tué aussi des animaux par la commotion électrique.

9° Le tonnerre détruit quelquefois la propriété des aimants naturels et renverse leurs pôles ; Franklin a obtenu le même résultat avec de l'électricité. Souvent il a donné, au moyen de la décharge de la bouteille de Leyde, la direction polaire à des aiguilles de fer.

Mais Franklin ne se borna pas à signaler ces divers points de ressemblance entre les effets de l'électricité et ceux du tonnerre. Il alla plus loin ; car il mit en avant cette hypothèse, qu'une verge de fer pointue élevée dans les airs, et communiquant avec un conducteur métallique, en contact lui-même avec le sol, aurait peut-être le pouvoir de faire écouler silencieusement dans la terre, l'électricité des nuages, et donnerait ainsi un moyen de s'opposer à la production de la foudre.

Comment Franklin fut-il conduit à une idée si hardie et si nouvelle ? C'est là un point important à éclaircir.

Franklin a, le premier, mis bien en évidence par des expériences positives, ce fait essentiel que les corps pointus ont le pouvoir de dissiper l'électricité, c'est-à-dire le principe que l'on désigne aujourd'hui en physique sous le nom de *pouvoir des pointes*. Il avait été amené sur la voie de cette découverte par une observation due à Jallabert, physicien suisse.

C'est à Genève, en 1748, que Jallabert observa pour la première fois ce phénomène.

Pendant un séjour qu'il fit bientôt après à Paris, il répéta son expérience devant l'abbé Nollet, qui la publia, la même année, avec le consentement de l'auteur. Dans ses *Recherches sur les causes particulières des phénomènes électriques*, Nollet rapporte, comme il suit, cette expérience de Jallabert.

« *Nouveau phénomène observé par M. Jallabert.* — On met en équilibre, sur un pivot (fig. 264), une petite verge de bois, qui peut avoir quinze ou seize pouces de longueur, pointue par un bout et armée par l'autre d'une petite boule de bois, de un pouce de diamètre ou environ ; on met cet instrument ainsi préparé à portée d'un homme qu'on électrise, et qui tient en sa main un morceau de bois tourné, gros et arrondi par un bout, comme une demi-boule de un pouce de diamètre, et pointu par l'autre extrémité. Si cet homme présente ce morceau de bois par le gros bout à la boule qui est à l'une des extrémités de l'aiguille, le plus souvent cette boule est repoussée ; il l'attire au contraire presque toujours, s'il présente le morceau de bois par la pointe. On voit tout le contraire, si l'on fait l'expérience par l'autre côté de l'aiguille ; le morceau de bois électrisé et présenté par le gros bout l'attire, et si c'est la pointe du morceau de bois que l'on présente, il est fort ordinaire que la partie B soit repoussée. »

Il résultait de cette expérience, que les phénomènes électriques d'attraction et de répulsion étaient fort différents selon que l'on présentait à un corps un conducteur taillé en pointe, ou le même conducteur terminé en boule.

Fig. 264. — Le physicien Jallabert découvre le pouvoir des pointes.

Il y avait là le germe de la découverte du pouvoir des pointes ; mais il n'y avait pas autre chose, car telle qu'elle était exécutée par Jallabert ou l'abbé Nollet, cette expérience ne réussissait pas toujours.

Nollet essaya d'expliquer l'expérience de Jallabert par la théorie générale qu'il avait imaginée pour l'interprétation des phénomènes électriques, c'est-à-dire par son système des *affluences et influences simultanées*. Mais il ne faisait ainsi qu'ajouter une difficulté à une autre, car à une expérience confuse il appliquait une théorie inexacte. Aussi ne put-on parvenir à rien tirer de clair de cette expérience du physicien de Genève.

C'est à Franklin que revient le mérite d'avoir mis dans tout son jour le phénomène du *pouvoir des pointes*, c'est-à-dire l'action qu'exerce un corps conducteur effilé en pointe, pour faire disparaître, par sa seule approche, l'électricité existant à la surface d'un corps.

Les observations faites par Franklin sur cet important sujet, sont exposées dans sa *Deuxième lettre à Collinson*. Nous les citerons textuellement :

« Je vous ai appris dans ma dernière lettre, dit Franklin, qu'en continuant nos recherches électriques, nous avions observé quelques phénomènes singuliers, que nous avons regardés comme nouveaux ; je me suis engagé à vous en rendre compte, quoique j'appréhende qu'ils n'aient pas pour vous le mérite de la nouveauté. Tant de personnes ont travaillé dans votre pays sur les expériences électriques, que quelqu'un se sera probablement rencontré avec nous sur les mêmes observations.

« Le premier phénomène est l'étonnant effet des corps pointus, tant pour tirer que pour pousser le feu électrique.

« Placez un boulet de fer de trois ou quatre pouces de diamètre sur l'orifice d'une bouteille de verre bien nette et bien sèche : par un fil de soie attaché au lambris précisément au-dessus de l'orifice de la bouteille, suspendez une petite boule de liège environ de la grosseur d'une balle de mousquet ; que le fil soit de longueur convenable pour que la boule de liège vienne s'arrêter à côté du boulet. Électrisez le boulet, et le liège sera repoussé à la distance de quatre ou cinq pouces, plus ou moins, suivant la quantité d'électricité... Dans cet état, si vous présentez au boulet la pointe d'un poinçon long et délié, à six ou huit pouces de distance, la répulsion sera détruite sur-le-champ, et le liège volera vers le boulet. Pour qu'un corps émoussé produise le même effet, il faut qu'il soit approché à un pouce de distance et qu'il tire une étincelle. Afin de prouver que le feu électrique est tiré par la pointe, si vous ôtez de son manche le côté aplati du poinçon et que vous le fixiez sur un bâton de cire à cacheter, vous présenterez en vain le poinçon à la même distance, ou l'approcherez encore de plus près, le même effet n'en résultera point. Mais glissez le doigt le long de la cire, jusqu'à ce que vous touchiez le côté aplati, le liège alors volera sur-le-champ vers le boulet… Si vous présentez cette pointe dans l'obscurité, vous y verrez quelquefois à un pied de distance et plus, une lumière brillante, semblable à un feu follet ou à un ver luisant. Moins la pointe est aiguë, plus il faut l'approcher pour apercevoir la lumière, et à quelque distance que vous voyiez la lumière, vous pouvez tirer le feu électrique et détruire la répulsion… Si une boule de liège ainsi suspendue est repoussée par le tube et que la pointe lui soit brusquement présentée, même à une distance considérable, vous serez étonné de voir avec quelle rapidité le liège revole vers le tube. Des pointes de bois feraient le même effet que celles de fer, pourvu que le bois ne fût pas sec ; car un bois parfaitement sec n'est pas meilleur conducteur d'électricité que la cire d'Espagne.

« Pour montrer que les pointes poussent aussi bien qu'elles tirent le feu électrique, couchez une longue aiguille pointue sur le boulet, et vous ne pourrez assez électriser le boulet pour lui faire repousser la boule de liège… ou bien, faites tenir à l'extrémité d'un canon de fusil suspendu, ou d'une verge de fer, une aiguille qui pointe en avant comme une espèce de petite baïonnette ; dans cet état, le canon de fusil ou la verge ne saurait, par l'application du tube à l'autre extrémité, être électrisé au point de donner une étincelle ; le feu, courant continuellement, s'échappe en silence à la pointe. Dans l'obscurité, vous pouvez lui voir produire le même effet que dans le cas dont nous venons de parler[57]. »

Le physicien de Philadelphie se mit inutilement en frais de méditations pour découvrir la cause du *pouvoir des pointes*. Il hasarda, à ce sujet, une théorie ; mais il avoue ingénument qu'il en était médiocrement satisfait. Il essaya d'expliquer cet effet « en supposant que la base sur laquelle pesait le fluide électrique à la pointe d'un corps électrisé étant petite, l'attraction par laquelle le fluide était tiré vers le corps était légère ; et que, par la même raison, la résistance à l'entrée du fluide était à proportion plus faible en cet endroit que là où la surface était plate. »

Franklin n'avait pas tort de n'accorder qu'une faible confiance à son explication. Mais si cette théorie était mauvaise, l'application qu'il tira du fait était d'une tout autre portée. Après avoir constaté la propriété dont jouit un conducteur terminé en pointe, d'anéantir, par son approche, l'état électrique des corps, le physicien américain songea tout aussitôt à tirer parti de cette propriété, en se servant d'un corps conducteur pointu dressé en l'air pour enlever l'électricité aux nuages orageux, si toutefois la foudre était réellement un phénomène électrique.

Pour la netteté de cet exposé historique, il sera nécessaire de rapporter ici les termes dans lesquels Franklin, après avoir, par deux expériences faciles à répéter, démontré une fois de plus l'existence du phénomène du pouvoir des pointes, propose tout aussitôt de l'appliquer à la construction d'un paratonnerre.

« Le plus important pour nous, dit Franklin, n'est pas de savoir de quelle manière la nature exécute ses lois, il nous suffit de connaître les lois elles-mêmes. C'est un avantage réel de savoir qu'une porcelaine abandonnée en l'air sans être soutenue, tombera et se brisera immanquablement ; mais de savoir comment elle tombe et pourquoi elle se brise, c'est une matière de pure spéculation : ces connaissances sont agréables à la vérité, mais sans elles, nous pouvons garantir notre porcelaine.

« Ainsi, dans le cas présent, il pourrait être de quelque usage pour le genre humain, de connaître le pouvoir des pointes, quoique nous ne fussions jamais en état d'en donner une explication précise. Les expériences suivantes, aussi bien que celles de mes premières lettres, montrent ce pouvoir. »

Franklin décrit ici deux expériences, qui prouvent manifestement la vertu des conducteurs terminés en pointe pour dissiper l'électricité des corps. Il s'agit, dans la première, d'un large conducteur formé d'un tube de carton doré, de dix pieds de longueur et d'un pied de diamètre. Quand ce conducteur isolé est électrisé au moyen d'une machine, il suffit d'en rapprocher, à un pied de distance, la pointe d'une aiguille, pour faire disparaître en un instant toute l'électricité qui réside à sa surface. Dans la seconde expérience, il est question d'une grande balance de cuivre dont les plateaux sont supportés par des cordes de soie, afin de les isoler. On électrise ces plateaux au moyen d'une machine électrique, suspendue au plafond, la balance peut osciller autour d'un poinçon planté sur une table ou sur le plancher. Or, si l'on place sur ce poinçon une aiguille, cette aiguille suffit pour dépouiller à une grande distance le plateau de la balance de toute son électricité.

Franklin continue alors en ces termes :

« Maintenant, si le feu de l'électricité et celui de la foudre est le même, comme j'ai tâché de le montrer au long dans un écrit précédent, ce tube de carton et ces bassins peuvent représenter les nuages électrisés. Si un tube long seulement de dix pieds frappe et décharge son feu sur le poinçon à deux ou trois pouces de distance, un nuage électrisé qui est peut-être de dix mille acres, peut frapper et décharger son feu sur la terre à une distance proportionnellement plus grande. Le mouvement horizontal des bassins sur le plancher peut représenter le mouvement des nuages sur la terre et le poinçon élevé les montagnes et les plus hauts édifices, et alors nous voyons comment les nuages électrisés, passant sur les montagnes et sur les bâtiments à une trop grande hauteur pour les frapper, peuvent être attirés en bas jusque dans la distance qui leur est nécessaire pour cet effet. Et enfin, si une aiguille est fixée sur un poinçon, la pointe en haut, ou même sur le plancher au-dessous du poinçon, elle tirera le feu du bassin en silence à une distance beaucoup plus grande que la distance requise pour frapper, et préviendra ainsi sa descente vers le poinçon ; ou si dans sa course le bassin était venu assez près pour frapper, il ne le pourrait, parce qu'il aurait été d'abord privé de son feu, et par là le poinçon est garanti du choc. Je demande, cette supposition admise, si la connaissance du pouvoir des pointes ne pourrait pas être de quelque avantage aux hommes, pour préserver les maisons, les églises, les vaisseaux, etc., des coups de la foudre, en nous engageant à fixer perpendiculairement sur les parties les plus élevées de ces édifices des verges de fer faites en forme d'aiguilles et dorées pour prévenir la rouille, et du pied de ces verges un fil d'archal abaissé vers l'extérieur du bâtiment dans la terre, ou autour d'un des haubans d'un vaisseau, ou sur le bord jusqu'à ce qu'il touche l'eau ? Ces verges de fer ne tireraient-elles pas probablement le feu électrique en silence hors du nuage, avant qu'il vînt assez près pour frapper ? Et par ce moyen ne pourrions-nous pas être préservés de tant de désastres soudains et effroyables ?

« Pour décider cette question, savoir si les nuages qui contiennent la foudre sont électrisés ou non, j'ai imaginé de proposer une expérience à tenter en un lieu convenable à cet effet. Sur le sommet d'une haute tour ou d'un clocher, placez une espèce de guérite assez grande pour contenir un homme et un tabouret électrique ; du milieu du tabouret élevez une verge de fer, qui passe en se courbant hors de la porte, et de là se relève perpendiculairement à la hauteur de vingt ou trente pieds et qui se termine en une pointe fort aiguë. Si le tabouret électrique est propre et sec, un homme qui y sera placé, lorsque des nuages électrisés y passeront un peu bas, peut être électrisé et donner des étincelles, la verge de fer y attirant le feu du nuage. S'il y avait quelque danger à craindre pour l'homme (quoique je sois persuadé qu'il n'y en a aucun), qu'il se place sur le plancher de la guérite et que de temps en temps il approche de la verge le tenon d'un fil d'archal qui a une extrémité attachée aux plombs, le tenant par un manche de cire ; de cette sorte les étincelles, si la verge est électrisée, frapperont de la verge au fil d'archal et ne toucheront point l'homme[58]. »

Nous avons cité textuellement ce passage de Franklin, afin de mettre dans son jour les véritables vues du physicien de Philadelphie, et de modifier une opinion depuis trop longtemps accréditée sur ce sujet. Franklin, on le voit, ne parle du paratonnerre que comme d'une expérience à exécuter, comme d'une hypothèse que l'observation doit vérifier plus tard. Le moyen qu'il propose est subordonné à la vérité de cette hypothèse, non démontrée encore, à savoir, que le tonnerre a une origine électrique. Il résulte donc des citations qui précèdent, et nous insistons sur ce point, que lorsque Franklin mit en avant l'idée de l'analogie de la foudre et de l'électricité, et quand il songea au paratonnerre, comme conséquence de cette idée, il n'avait fait encore aucune expérience pour vérifier l'existence de l'électricité au sein de l'atmosphère. Tout ce qu'il dit à ce sujet repose sur des considérations purement théoriques et sur la connaissance du pouvoir des pointes. Lorsqu'il parle, à la fin du passage qui précède, de placer sur une guérite une barre de fer pointue et fixée à un tabouret isolé, c'est une expérience qu'il propose aux physiciens d'exécuter, comme un moyen de vérifier la justesse de ses conjectures ; mais cette expérience, il ne l'a pas faite lui-même.

Nous allons voir, par la suite de ce récit, que l'expérience proposée par le physicien de Philadelphie, et qui devait confirmer ou renverser cette vue théorique, fut accomplie par d'autres mains que les siennes. La démonstration expérimentale du grand fait de l'existence de l'électricité dans l'air, fut donnée pour la première fois, non en Amérique, mais en Europe, et par les soins des physiciens français.

CHAPITRE IV

ACCUEIL FAIT À LONDRES AUX LETTRES DE FRANKLIN. — BUFFON LES FAIT TRADUIRE EN FRANÇAIS. — EXPÉRIENCES EXÉCUTÉES EN FRANCE SUR LA PRÉSENCE DE L'ÉLECTRICITÉ DANS L'ATMOSPHÈRE. — EXPÉRIENCES DE DALIBARD ET DE DELOR. — EXPÉRIENCE DE BUFFON À MONTBARD. — DÉCOUVERTE FAITE PAR LEMONNIER DE LA PRÉSENCE DE L'ÉLECTRICITÉ DANS L'ATMOSPHÈRE PAR UN TEMPS SEREIN. — RÉPÉTITION, PAR DIVERS PHYSICIENS FRANÇAIS, DES EXPÉRIENCES FAITES À PARIS. — LE PÈRE BERTHIER. — DE ROMAS. — CONTINUATION, DES EXPÉRIENCES SUR L'ÉLECTRICITÉ DES BARRES MÉTALLIQUES ISOLÉES. — CANTON ET BEVIS EN ANGLETERRE. — MORT DE RICHMANN À SAINT-PÉTERSBOURG. — VERRAT. — TH. MARIN. — EXPÉRIENCES EN ALLEMAGNE ET EN ITALIE. — BOZE. — GORDON. — ZANOTTI. — BECCARIA.

Les *Lettres de Franklin à Pierre Collinson* obtinrent en Europe un prodigieux succès :

« On n'a jamais rien écrit sur l'électricité, dit Priestley, qui ait eu plus de lecteurs et d'admirateurs que ces lettres, dans toutes les parties de l'Europe. Il n'y a presque point de langue en Europe dans laquelle on ne les ait traduites, et comme si ce n'était pas encore assez pour les faire bien connaître, on en a fait depuis peu une traduction en latin. »

Priestley néglige ici de nous dire que le succès du livre de

Franklin ne dut rien au concours ni aux suffrages des savants anglais. Lorsque Collinson, à qui ces lettres sont adressées, lut devant la *Société royale de Londres* le manuscrit de Franklin, les idées contenues dans cet écrit n'excitèrent, parmi les membres de la savante compagnie, d'autres sentiments que ceux de l'incrédulité et de l'ironie. L'hypothèse de Franklin concernant la possibilité d'écarter la foudre au moyen d'une simple barre de fer pointue élevée en l'air, parut surtout empreinte d'une parfaite absurdité. Le mémoire de Franklin ne fut pas jugé digne d'être mentionné parmi les communications adressées à la *Société royale* et on ne l'inséra point dans ses *Transactions philosophiques*. Les savants de Londres ne pouvaient admettre qu'une idée de quelque valeur pût leur arriver de cette barbare Amérique, qui n'excitait que des mépris en Angleterre, en attendant qu'elle y excitât des fureurs par le triomphe de ses armes.

Fig. 265. — La lecture des lettres de Franklin devant la *Société royale de Londres* est accueillie par des marques d'incrédulité et d'ironie.

Cependant, dans cette réunion de physiciens si bien inspirés, il se trouva un savant, le docteur Fothergill, qui jugea cette production américaine trop importante pour être étouffée. Il conseilla à Collinson de faire imprimer ces lettres, et ce dernier les remit, dans cette intention, à l'éditeur d'une Revue, nommé Gave, qui publiait le *Gentleman's Magazine*.

Cave préféra les publier en un volume qui parut à Londres, précédé d'une préface du docteur Fothergill. Le succès de cette publication fut considérable, car elle eut, en peu d'années, cinq éditions.

Sur le bruit de la considération qui fut bientôt accordée par l'Europe entière au livre du physicien d'Amérique, la *Société royale de Londres* se décida à recevoir la communication d'un extrait de cet ouvrage, dont on donna lecture devant elle le 6 juin 1751.

Mais c'est une particularité digne d'être notée, que, dans cet extrait lu à la Société royale, on passa sous silence la partie du mémoire de Franklin qui concernait le paratonnerre. C'était là sans doute le passage qui avait excité les rires de la docte assemblée et l'on jugea convenable de le supprimer à cette seconde lecture, afin d'éviter le ridicule[59].

Un accueil bien différent attendait, en France, l'œuvre du physicien de Philadelphie. Elle eut la fortune de rencontrer le plus haut et le plus efficace des patronages, celui du Pline moderne !

Buffon et Franklin, quels beaux noms réunis ! Le manuscrit d'une traduction des Lettres de Franklin, due à un simple amateur qui l'avait composée pour son usage, vint à tomber entre les mains de Buffon. Le grand naturaliste comprit immédiatement toute la valeur de ce livre, qui renfermait à la fois une théorie générale des phénomènes électriques, l'analyse des effets de la bouteille de Leyde, et une hypothèse sur la nature de la foudre avec la description de l'expérience à exécuter pour vérifier la justesse de cette dernière conjecture.

Buffon comptait parmi ses admirateurs et ses amis, un physicien d'un certain mérite, nommé Dalibard. Il le chargea de composer une traduction fidèle de l'ouvrage de Franklin, qu'il prit soin lui-même de revoir et de corriger. Cette traduction parut en 1752, en un volume in-12, sous ce titre : *Expériences et observations sur l'électricité, faites à Philadelphie en Amérique par M. Benjamin Franklin, et communiquées dans plusieurs lettres à M. P. Collinson de la Société royale de Londres ; traduites de l'anglais.* L'ouvrage est précédé d'un *avertissement* et d'un court historique de l'électricité, écrit en partie par Dalibard, et emprunté, pour le reste, à une petite dissertation faite en 1748, pour l'Académie de Bordeaux, par M. de Secondat, fils de Montesquieu, La publication de ce livre répandit promptement en France les idées de Franklin sur l'électricité.

Fig. 266. — Buffon.

Mais Buffon ne se borna pas à servir, par ce premier moyen, les progrès de la physique. Il voulut exécuter lui-même l'expérience proposée par Franklin comme devant résoudre le problème de la présence de l'électricité dans l'atmosphère. En conséquence, il fit élever sur la tour de son château de Montbard, une longue tige de fer, pointue à son extrémité supérieure, et isolée, à sa partie inférieure, au moyen d'une épaisse couche de résine. Il comprit d'ailleurs qu'il importait de prendre les mêmes dispositions en d'autres lieux, afin d'être en mesure de profiter des orages qui pourraient se manifester sur différents points. Il engagea donc son ami Dalibard, à élever, de son côté, une pareille tige isolée dans le jardin de sa maison de campagne, située à Marly, près de Versailles.

Un physicien nommé Delor, possédait, place de l'Estrapade, un beau cabinet de machines, où l'on démontrait publiquement et à prix d'argent, les nouvelles expériences sur l'électricité. Sur l'invitation de Buffon et de Dalibard, ce physicien consentit à dresser une barre de fer isolée sur le faîte de sa maison.

L'appareil que Dalibard avait fait élever dans son jardin, à Marly, consistait en une verge de fer, d'un pouce environ de diamètre, de quarante pieds de longueur, et terminée en pointe à son extrémité supérieure. Elle était soutenue en l'air par trois grosses perches munies de cordons de soie. Pour l'isoler on avait divisé son extrémité inférieure en deux branches, qui étaient fixées dans un tabouret isolant à pieds de verre.

Dalibard décrit ainsi cet appareil, dans le mémoire qu'il lut à ce sujet à l'Académie des sciences.

« 1° J'ai fait faire, à Marly-la-Ville, située à six lieues de Paris, dans une belle plaine, dont le sol est fort élevé, une verge de fer ronde, d'environ un pouce de diamètre, longue de quarante pieds et fort pointue par son extrémité supérieure. Pour lui ménager une pointe plus fine, je l'ai fait armer d'acier trempé, ensuite brunir, au défaut de dorure, pour la préserver de la rouille. Outre cela, cette verge de fer était courbée, vers son extrémité inférieure, de deux coudes à angles aigus, quoique arrondis. Le premier coude était éloigné de deux pieds du bout inférieur, et le second en sens contraire, à trois pieds du premier.

« 2° J'ai fait planter dans un jardin trois grosses perches de vingt-huit à vingt-neuf pieds, disposées en triangle et éloignées les unes des autres à environ huit pieds ; deux de ces perches contre les murs, et la troisième au dedans du jardin. Pour les affermir toutes ensemble, on a élevé sur chacune des entretoises à vingt pieds de hauteur ; et comme le grand vent agitait encore cette espèce d'édifice, on a attaché au haut de chaque perche de longs cordages, qui tenaient lieu de haubans, répondant par le bas à de bons piquets enfoncés en terre à plus de vingt pieds des perches.

« 3° J'ai fait construire entre les deux perches voisines du mur, et adosser contre ce mur, une petite guérite de bois capable de contenir un homme et une table.

« 4° J'ai fait placer au milieu de la guérite une petite table d'environ un pied de hauteur, et sur cette table j'ai fait dresser et affermir un tabouret électrique. Ce tabouret n'est autre chose qu'une petite planche carrée, portée sur trois bouteilles à vin pour suppléer au défaut d'un gâteau de résine qui me manquait.

« 5° Tout étant ainsi préparé, j'ai fait élever perpendiculairement la verge de fer au milieu des trois perches, et je l'ai affermie en l'attachant à chacune de ces perches avec des cordons de soie, par deux endroits seulement. Le bout inférieur de cette verge était solidement appuyé sur le tabouret électrique, où j'ai fait creuser un trou propre à le recevoir.

« 6° Comme il était important de garantir de la pluie le tabouret et les cordons de soie, j'ai pris les précautions nécessaires à cet effet, j'ai mis mon tabouret sous la guérite, et j'ai fait couder ma verge de fer à angle aigu, afin que l'eau qui pourrait couler le long de cette verge ne pût arriver sur son tabouret. C'est aussi dans le même dessein que j'ai fait clouer vers le haut et au milieu de mes perches, à trois pouces au-dessus des cordons de soie, des espèces de boîtes formées de trois petites planches d'environ quinze pouces de long, qui couvrent par-dessus et par les côtés une pareille longueur de cordons de soie, sans les toucher. »

Tout se trouvant ainsi préparé, et les dispositions parfaitement prises pour être en mesure de constater la présence de l'électricité au sein de l'atmosphère, on attendit l'occasion favorable, c'est-à-dire un orage sur Montbard, sur Paris ou ses environs.

Ce fut l'appareil de Marly qui se trouva favorisé. À Marly fut reconnue, pour la première fois, la présence de l'électricité dans l'atmosphère, c'est-à-dire l'un des faits les plus considérables dont la physique se soit enrichie. Aussi la grande expérience que nous allons rapporter reçut-elle le nom d'*expérience de Marly*, de même que l'on avait désigné sous le nom d'*expérience de Leyde*, celle de la bouteille de Musschenbroek.

Le 10 mai 1752, un orage vint à éclater sur Marly. Dalibard était alors absent, il se trouvait à Paris ; mais il avait, au moment de son départ, confié le soin de surveiller la machine à un menuisier nommé Coiffier, ancien dragon, homme sur l'intelligence et l'intrépidité duquel on pouvait compter. Dalibard avait d'avance donné à ce gardien fidèle toutes les instructions et les avis nécessaires, tant pour faire les observations durant son absence, que pour se garantir, le cas échéant, des dangers de l'expérience. Il lui avait remis, pour tirer des étincelles de la barre, une tige de fer emmanchée dans une bouteille de verre, disposition que représentait le petit appareil que l'on désigne aujourd'hui sous le nom d'*excitateur*, au moyen duquel on tire des étincelles d'un corps électrisé, sans inconvénient pour l'opérateur. Il lui avait d'ailleurs expressément recommandé de s'entourer de quelques personnes, et surtout d'envoyer chercher le curé de Marly, M. Raulet, dès qu'il se présenterait quelque apparence d'orage.

Le moment désiré arriva enfin.

Le 10 mai, à deux heures de l'après-midi, Coiffier entend retentir un assez fort coup de tonnerre. Aussitôt il court à l'appareil, et prenant la petite tige de fer emmanchée dans la bouteille, il la présente à la barre métallique, et à une faible distance il en voit sortir une petite étincelle qui pétille avec bruit. Une seconde étincelle part bientôt, plus forte que la précédente. Coiffier se hâte alors d'appeler ses voisins et d'envoyer chercher le curé de Marly.

Dès qu'il est averti, le bon prieur, malgré une pluie battante mêlée de grêle, accourt de toute la vitesse de ses jambes. Témoins de l'empressement inusité et de l'émotion de leur pasteur, beaucoup d'habitants du village se hâtent de le suivre, s'imaginant d'abord que Coiffier a été tué d'un coup de tonnerre. Le jardin de Dalibard se remplit ainsi de spectateurs.

Au milieu de cette foule étonnée, le curé s'approche de la machine, et, voyant qu'il n'y a point de danger, il met lui-même la main à l'œuvre. Il prend l'*excitateur*, et tire de la barre plusieurs étincelles.

On n'entendit pas d'autre coup de tonnerre, mais la nuée orageuse resta pendant plus d'un quart d'heure au-dessus de la verge métallique, qui, pendant tout ce temps, fournit des étincelles d'une nature évidemment électrique. Elles partaient à un pouce et demi environ de la barre de fer, sous la forme d'une petite aigrette bleue, avec une odeur manifestement sulfureuse, et faisaient entendre un bruit semblable à celui qu'aurait produit une clef frappant sur la barre.

Louis Figuier

Fig. 267. —Expérience faite le 10 mai 1752, par Dalibard à Marly. Première démonstration de la présence de l'électricité dans les nuages orageux.

Le curé de Marly répéta l'expérience au moins six fois dans l'intervalle d'environ quatre minutes, et, dit-il, « chaque expérience dura l'espace d'un *Pater* et d'un *Ave*. » Mais bientôt l'intensité du feu électrique se ralentit. En approchant plus près, on ne tira plus que quelques étincelles ; enfin tout disparut.

Le bon prieur était si absorbé au moment de l'expérience, et si étonné du spectacle qui s'offrait à lui, qu'il avait été frappé, sans qu'il y fît grande attention, ou sans qu'il s'en plaignît alors, d'un coup violent au bras, par une étincelle partie de la barre électrisée. De retour chez lui, comme la douleur continuait, il découvrit son bras en présence de Coiffier, et l'on aperçut au-dessus du coude, une meurtrissure tournant autour du membre, comme celle qu'aurait pu occasionner un coup de fouet.

Les personnes qui entouraient le curé reconnurent qu'il répandait une odeur de soufre qui persistait encore quand il fut de retour chez lui. Un ecclésiastique sentant le soufre ! le fait était extraordinaire ; aussi fut-il remarqué.

Dès qu'il fut remis des émotions de l'événement, le prieur de Marly s'empressa d'écrire à Dalibard une lettre qui contenait les détails de cette expérience, et Coiffier partit pour la remettre à Paris. Le prieur annonçait, dans cette lettre, le succès de la belle expérience préparée par Buffon et Dalibard. Les détails qu'elle renfermait firent la matière d'un mémoire que Dalibard lut le 13 mai 1752 à l'Académie des sciences, où il produisit la plus vive sensation. On imagine sans peine, en effet, avec quel sentiment de joie fut reçue par les savants de la capitale cette démonstration éclatante de l'un des faits les plus importants de l'ordre naturel.

Huit jours après l'expérience de Marly, l'appareil élevé par le physicien Delor sur le toit de sa maison de la place de l'Estrapade, donna des signes manifestes d'électricité, bien qu'il n'y eût pas en ce moment d'orage proprement dit.

La barre de fer disposée par Delor, avait le double de la hauteur de celle de Marly. Elle était de quatre-vingt-dix-neuf pieds de haut, et reposait, à sa partie inférieure, sur un gâteau de résine de deux pieds carrés et de trois pouces d'épaisseur.

Le 18 mai, entre quatre et cinq heures du soir, une nuée orageuse se montra au-dessus de cet appareil, et mit environ une demi-heure à passer. Pendant ce temps, Delor tira de la barre des étincelles toutes semblables à celles des machines électriques : les plus fortes furent tirées à la distance de neuf lignes. Delor observa que la barre continuait encore à fournir des étincelles, lorsque le nuage orageux avait été poussé par le vent jusqu'au-dessus de la Seine, c'est-à-dire à deux heures environ du lieu de l'observation[60].

Comme la quantité d'électricité tirée du nuage dans cette première expérience n'avait pas été très-considérable, Delor ajouta à son appareil ce qu'il appela un *magasin d'électricité*, qui consistait en plusieurs tiges de fer isolées communiquant avec la barre principale. Avec cette adjonction, l'appareil de Delor donna des étincelles plus fortes.

Le lendemain de l'expérience faite à Paris par le physicien de la place de l'Estrapade, c'est-à-dire le 19 mai 1752, Buffon, qui se trouvait à Montbard, eut la satisfaction de voir son appareil s'électriser. Une nuée orageuse ayant passé au zénith de la verge de fer qu'il avait élevée sur la tour de son château, Buffon, armé d'un excitateur, tira de la verge métallique un grand nombre d'étincelles.

L'abbé Mazéas, à Paris, plaça en haut de sa maison un appareil fort simple pour répéter la même expérience. Il fit passer en dehors de sa fenêtre une longue perche de bois terminée par une baguette de fer pointue, de douze pieds de longueur. Il avait ajouté à cet appareil le *magasin d'électricité* imaginé par Delor, et il tira, en approchant le doigt, d'assez fortes étincelles de la tige de fer[61].

Les expériences que nous venons de rapporter ayant produit une grande impression dans la capitale, le roi voulut en être témoin. Sur ce désir, le duc d'Ayen offrit à Louis XV sa maison de campagne de Saint-Germain, et Delor fut chargé d'y répéter ces expériences[62]. Ce n'était pas d'ailleurs la première fois que les courtisans chargés du soin de distraire sa royale personne avaient eu recours à l'électricité. En 1746, c'est devant Louis XV que Nollet, comme nous l'avons vu, avait fait passer la commotion de la bouteille de Leyde à travers une chaîne formée par deux cents gardes françaises.

Quand les physiciens du reste de la France eurent connaissance des expériences sur l'électricité atmosphérique faites dans la capitale, les mêmes tentatives furent reproduites partout, et partout couronnées du même succès.

C'est en répétant ces expériences à Saint-Germain que Lemonnier, dont nous avons déjà cité les belles recherches sur la vitesse de transport de l'électricité, fit l'importante découverte de la présence de l'électricité dans l'air, par un ciel serein. On avait pensé jusque-là que l'électricité atmosphérique exigeait nécessairement la présence d'un nuage orageux. Lemonnier reconnut, et ce fut là le plus important résultat de ses observations, qu'il existe de l'électricité dans l'atmosphère par les temps les plus calmes[63].

Fig. 268. — Lemonnier.

L'appareil dressé par Lemonnier à Saint-Germain consistait en une perche de trente-deux pieds de hauteur, plantée au milieu d'une pièce de gazon. À peu de distance de l'extrémité supérieure de cette perche, était fixé un gros tube de verre, qui supportait un tube, de fer-blanc terminé en pointe très-aiguë. De ce tuyau de fer-blanc partait un fil de fer de cinquante toises de longueur qui venait aboutir dans un pavillon où se tenait l'expérimentateur pour y faire ses observations. L'électricité enlevée à l'atmosphère par la pointe métallique était transmise tout entière dans l'intérieur du pavillon, par ce long conducteur qui venait s'attacher à un cordon de soie tendu horizontalement et servant à l'isoler.

Les expériences de Lemonnier commencèrent le 7 juin 1752. Ce jour-là Lemonnier, ayant entendu un coup de tonnerre, qui sortit d'un gros nuage peu éloigné, tira aussitôt une étincelle très-vive du fil de fer, et ressentit une secousse semblable à celle que donne la bouteille de Leyde. Cette expérience fut répétée plusieurs fois avec le même succès, pendant cinq heures que dura l'orage, soit par notre académicien, soit par plusieurs autres personnes ; On ne pouvait mettre en doute que la matière électrique dont le fil de fer s'était chargé ne fût de la même nature que celle que fournissent nos machines, « car, dit Lemonnier, ce fil attirait et repoussait très-vivement les corps légers ; la matière sortait en étincelant avec éclat ; elle excitait dans le bras de plusieurs personnes qui se tenaient par la main une commotion considérable ; elle sortait par les pointes, sous la forme d'une aigrette ; elle enflammait l'esprit-de-vin et les liqueurs spiritueuses ; elle exhalait l'odeur particulière à la matière électrique ; en un mot, elle paraissait avoir tout le caractère de la matière électrique que nous excitons avec nos instruments, et qui la différencie de tous les autres fluides. »

Lemonnier fit plusieurs autres observations sur l'électricité atmosphérique. Nous ne les reproduirons point, car elles sont loin d'égaler en importance la découverte capitale qu'il fit dans cette occasion, c'est-à-dire la démonstration de l'électricité libre dans un ciel serein.

Les physiciens se refusèrent pendant quelque temps à admettre ce dernier fait, dont l'explication théorique offrait des difficultés. On avait cru jusqu'alors, que la présence des nuages dans le ciel, était indispensable pour communiquer l'électricité à l'atmosphère. Peu de temps auparavant, Cassini, à l'Observatoire de Paris, ayant reconnu des signes de l'électricité dans une tige de fer disposée comme la précédente, quoiqu'il n'existât alors aucun nuage orageux, avait cru devoir admettre que l'électricité provenait, dans ce cas, de quelque nuée très-voisine de l'horizon, et que l'on ne pouvait apercevoir[64]. Les recherches de Lemonnier rectifièrent cette opinion ; il fut admis, dès ce moment, que l'électricité peut exister par tous les temps dans l'atmosphère.

Le père Berthier, religieux de l'Oratoire, répéta, à Montmorency, l'expérience de Dalibard. Il obtint un très-grand nombre d'étincelles électriques, et, s'étant sans doute imprudemment exposé, il reçut une commotion tellement forte, qu'il en fut renversé par terre.

De Romas, dont nous avons déjà rappelé les recherches, et qui, l'un des premiers, avait émis, en France, l'opinion, fondée sur l'observation, de l'origine électrique de la foudre, fut aussi l'un des premiers à répéter l'expérience de Marly[65]. Il éleva à Nérac des barres de fer isolées, et reconnut leur état électrique. Il varia beaucoup ses moyens d'expérimentation ; il imagina des dispositions nouvelles pour isoler complètement les barres métalliques et les rendre plus propres à résister à l'effort du vent. Pour ne pas être assujetti à une observation continuelle, il terminait le conducteur par un carillon électrique, dont les tintements répétés l'avertissaient en temps opportun. C'est ainsi qu'il put noter quelques faits importants d'électricité atmosphérique, tels que l'électrisation des barres en temps serein, leur électrisation par la pluie sans qu'il y eût d'orage, l'apparition des étincelles longtemps avant l'audition du bruit du tonnerre ; enfin, l'existence d'atmosphères électriques très-étendues autour des nuages orageux.

Dans la série de ses expériences, Romas voulut reconnaître si la barre de fer placée horizontalement attirerait aussi bien l'électricité atmosphérique que lorsqu'on la plaçait comme l'avait indiqué Franklin, c'est-à-dire dans la situation verticale. Il constata que la barre placée horizontalement s'électrisait à peine, même par les temps orageux. Pour faire cette expérience, Romas avait rendu mobile la barre de fer isolée. Au moyen d'une corde de soie, tenue dans sa main, il pouvait déranger cette barre mobile de sa position verticale, et l'incliner à volonté sur l'horizon, jusqu'à la rendre horizontale. Il reconnut, en opérant ainsi, que la tige perpendiculaire donnait de fortes étincelles, tandis que, disposée horizontalement, elle manifestait à peine des signes d'électricité. Ces dernières observations furent faites le 12 juillet 1752, et répétées plusieurs fois depuis cette époque.

Ce résultat conduisit Romas à soupçonner que l'intensité des phénomènes électriques pouvait croître en proportion de la hauteur des barres au-dessus du sol. Pour s'assurer de la justesse de cette conjecture, il dressa au-dessus du faîte de sa maison, et en les séparant par une distance de quinze pieds, deux barres, dont l'une était de dix pieds plus haute que l'autre. Il constata alors que, dans les mêmes conditions, c'était la première qui donnait toujours les plus fortes étincelles ; et, à partir de ce moment, il n'eut plus qu'une pensée, « celle de porter des conducteurs le plus haut possible dans la région des nuages, afin d'augmenter le feu du ciel. » Nous verrons bientôt à quel admirable résultat se trouva conduit par ce désir, le physicien de Nérac.

Louis Figuier

Tous les observateurs de l'Europe s'empressèrent de répéter les expériences qui venaient de jeter tant d'éclat sur la France. Canton, en Angleterre, fit élever des barres de fer isolées, qui lui servirent à constater l'état électrique des nuages. Voici comment le physicien anglais raconte son expérience dans une lettre adressée à Wilson, le 21 juillet 1752 :

« J'eus hier, sur les cinq heures du soir, dit Canton l'occasion de tenter l'expérience de M. Franklin, pour tirer le feu électrique des nuages, et j'ai réussi au moyen d'un tube de fer-blanc de trois ou quatre pieds de long, attaché au haut d'un tube de verre d'environ dix-huit pouces. À l'extrémité supérieure du tube de fer-blanc, qui était moins élevé que la file des cheminées de la même maison, j'avais attaché trois aiguilles avec un peu de fil d'archal, et j'avais soudé à son extrémité inférieure un couvercle de fer-blanc, afin de garantir de la pluie le tube de verre qui était posé verticalement sur un billot de bois. Je courus à cet appareil, le plus vite que je pus, dès le commencement du tonnerre, mais je ne le trouvai électrisé qu'entre le troisième et le quatrième coup ; alors appliquant la jointure de mon doigt au bord du cercle, je sentis et entendis une étincelle électrique ; et en approchant une seconde fois, je reçus l'étincelle à la distance d'environ un demi-pouce, et je la vis bien distinctement. Je répétai la même chose quatre ou cinq fois dans l'espace d'une minute ; mais les étincelles devenaient de plus en plus faibles, et en moins de deux minutes le tube de fer-blanc ne donna plus aucun signe d'électricité. Il faisait une pluie continuelle pendant le tonnerre, mais elle était considérablement ralentie dans le temps que je fis l'expérience. »

Le 12 août suivant, le docteur Bevis observa à peu près les mêmes effets. Le même jour, Wilson répéta cette expérience dans le voisinage de Chelmsford, dans le comté d'Essex. Son appareil consistait simplement en une tringle de fer dont il introduisait un bout dans une bouteille de verre qu'il tenait à la main ; l'autre extrémité, terminée par trois aiguilles, étant en plein air. Avec un doigt de l'autre main il tira des étincelles, quoiqu'il ne fût point dans un endroit élevé, mais seulement dans un jardin[66].

C'est en voulant se livrer aux mêmes expériences que Richmann, membre de l'Académie impériale de Saint-Pétersbourg, et professeur de physique d'un grand renom, périt dans cette ville, frappé d'un véritable coup de foudre.

Richmann avait élevé, sur le faîte de sa maison, le même appareil qui était alors employé par tous les physiciens sur plusieurs points de l'Europe ; mais il avait porté un soin tout particulier à l'isolement de la barre de fer. La chambre dans laquelle il opérait n'avait d'autre plafond que le toit de la maison. Le trou qui fut pratiqué à ce plafond pour laisser passer la tige métallique fut garni d'un tube de verre pour l'isoler complètement dans ce point. La partie extérieure de la tige de fer, qui s'élevait de quelques pieds au-dessus du toit, était dorée pour la préserver de la rouille. La tige se terminait dans l'intérieur de la chambre ; elle était portée sur un tube de verre et soutenue par une masse de poix. Richmann pouvait ainsi observer tout à son aise les effets électriques[67]. Il avait même disposé un carillon électrique, pour être averti à distance de la présence du fluide.

Richmann se proposait de procéder, dans un moment d'orage, à la mesure de l'intensité du fluide électrique soutiré de l'atmosphère extérieure ; il espérait obtenir ainsi quelques renseignements sur la force comparative de l'électricité dans les nuages orageux. Pour mesurer l'intensité de ces effets, il avait imaginé une sorte d'électromètre, qu'il désignait sous le nom de *gnomon électrique*, et qui, peu différent de notre électroscope actuel, consistait en un corps léger repoussé par l'action électrique, et dont l'angle d'écartement servait de mesure à l'intensité du fluide[68].

Le 6 août 1753, tandis que Richmann assistait à une réunion de l'Académie de Saint-Pétersbourg, un faible coup de tonnerre retentit dans le lointain. Aussitôt Richmann quitte sa place et se hâte de rentrer chez lui, pour observer sur son appareil les effets de l'orage qui s'approche. En même temps, il dépêche un employé de l'Académie chez le graveur Solokow, qui était chargé de dessiner et de graver une planche représentant son *gnomon électrique* destiné à accompagner le mémoire qu'il préparait sur ce sujet. Pour que le graveur fût mieux en état de bien représenter cet appareil, Richmann désirait le faire assister à ses expériences.

Lorsque Solokow se rendit dans la maison de Richmann, l'orage grondait avec violence sur Saint-Pétersbourg. En entrant dans le cabinet du physicien, il trouva ce dernier debout près du conducteur, son électromètre à la main, mais se tenant à une certaine distance, en raison de l'intensité de l'orage et de la force des étincelles qui partaient de la barre électrisée. Après l'entrée du graveur, Richmann fit, par mégarde, quelques pas en avant, et se trouva placé à un pied seulement du conducteur. Aussitôt un éclair, « sous la forme d'un globe de feu bleuâtre, gros comme le poing, » dit Solokow, s'élança du conducteur, et vint frapper au front l'infortuné Richmann, qui tomba roide mort. La chambre se remplit en même temps d'une vapeur sulfureuse ; Solokow lui-même fut renversé par la violence du coup de foudre, mais il ne tarda pas à reprendre ses sens, sans pouvoir toutefois se rappeler avoir entendu le bruit de l'explosion.

Le petit conducteur métallique qui servait à transmettre le fluide à l'électromètre fut brisé en mille pièces ; on en trouva les morceaux dispersés sur les habits de Solokow. Le vase de verre qui faisait partie de l'électromètre ne fut brisé qu'à moitié, et la limaille de cuivre dispersée dans tout l'appartement. La porte était brisée et jetée dans l'intérieur ; le chambranle de cette porte était fendu.

Quand la femme du professeur, accourant à cette détonation, entra dans le cabinet, elle vit le malheureux martyr de l'électricité renversé sur une caisse qui se trouvait là, et tenant encore à la main les débris de l'appareil avec lequel il avait cru pouvoir estimer la force du météore électrique.

Terrible et majestueuse ironie de la nature, qui frappait d'un coup mortel le savant qui s'était flatté de mesurer sa puissance !

Le cadavre ayant été examiné par les gens de l'art, on trouva au front les traces d'une profonde brûlure ; deux autres apparaissaient au côté droit de la poitrine. Plusieurs taches, rouges et bleues, se montraient au côté gauche, comme si la peau eût été grillée. L'un des souliers présentait un large trou, ce qui semblait indiquer que le coup de foudre, entré par la tête, était sorti par les pieds. Le cœur était en bon état ; mais la partie postérieure du poumon était noirâtre et gorgée de sang ; le duodénum, l'intestin grêle et le pancréas étaient également le siège d'une forte congestion sanguine. Quant à Solokow, il se remit promptement, et ne conserva pas de trace de cet accident terrible ; seulement on remarquait sur le dos de son habit de longues raies étroites, comme si des fils defer rouge en eussent grillé l'étoffe[69].

Fig. 269. — Le physicien Richmann foudroyé dans son cabinet de physique, à Saint-Pétersbourg, par l'électricité d'un nuage orageux, le 6 août 1753.

L'événement funeste dont Richmann fut victime, s'explique par les dispositions mêmes de son appareil. Ce physicien fut foudroyé, parce qu'au lieu d'établir une communication entre son conducteur et la terre, de manière à disséminer dans la masse du sol l'électricité tirée des nuages, il chercha, au contraire, à l'isoler avec tout le soin possible.

Dès lors la matière de la foudre, accumulée dans la partie du conducteur qu'il avait introduite dans son cabinet, ne trouvant aucune issue pour s'échapper, s'élança vers sa tête, qui ne se trouvait qu'à un pied de distance de l'appareil. Si, au contraire, il avait eu soin de ménager au conducteur une communication avec la terre, la matière de la foudre eût suivi inoffensivement cette route.

Il importe cependant de faire remarquer que l'appareil de Richmann n'était qu'une reproduction de celui que Dalibard avait employé à Marly, conformément aux indications de Franklin, et le même que tous les autres physiciens de l'Europe avaient fait construire pour recueillir l'électricité des nuages orageux. Il ne présentait d'autre différence que dans la manière plus efficace d'assurer l'isolement du conducteur. Il faut conclure de là que Franklin n'avait pas suffisamment raisonné l'expérience qu'il proposait aux physiciens, et qu'en construisant un appareil sur le plan qu'il avait donné, il exposait les expérimentateurs à de graves dangers.

La mort de Richmann, éclairant les observateurs sur les périls attachés à ces expériences, les rendit plus circonspects dans ces tentatives audacieuses où l'on osait braver le plus terrible des météores. Mais elle n'arrêta pas l'élan des physiciens, qui continuèrent de suivre avec ardeur cette voie intéressante de recherches, en s'entourant toutefois des mesures commandées par la prudence.

Boze et le père Gordon furent les premiers à répéter, en Allemagne, l'expérience de Marly. Lomonozow, en 1753, se livra, en Russie, aux mêmes essais[70].

Les physiciens de l'Italie se distinguèrent par leur ardeur à étudier l'électricité atmosphérique. Zanotti répéta le premier, dans ce pays, l'expérience de la barre isolée.

Verrat fit plusieurs recherches à l'observatoire de Bologne, avec une très-longue barre de fer, posée sur une masse de soufre. Il obtint des signes électriques par tous les temps[71].

Th. Marin, de la même ville, se livra à des expériences sur ce sujet, au moyen d'une barre élevée sur le toit de sa maison. Il essaya de rechercher des relations entre la pluie et l'électricité atmosphérique[72].

À Florence, divers physiciens élevèrent, dans les derniers mois de l'année 1782, des barres de fer isolées, pour recueillir l'électricité aérienne. En tirant des étincelles d'une barre de fer électrisée par le tonnerre, on essuya des coups violents. L'un de ces physiciens, M. de la Garde, écrivait de Florence à l'abbé Nollet : qu'un jour voulant attacher une petite chaîne, garnie par un bout d'une boule de cuivre, à une grande chaîne qui communiquait avec une barre placée au haut d'un bâtiment afin d'en tirer des étincelles par le moyen des oscillations de cette boule, il s'y manifesta une traînée de feu qu'il n'aperçut pas, mais qui fit sur la chaîne un bruit semblable à celui d'un feu follet. « Dans cet instant, l'électricité se communiqua à la chaîne qui portait la boule de cuivre, et donna à l'observateur une commotion si violente, que la boule lui tomba des mains et qu'il fut repoussé de quatre ou cinq pas en arrière. Il n'avait jamais été frappé si fort par l'expérience de Leyde[73]. »

Le père Beccaria surpassa tous les expérimentateurs de l'Italie dans ses recherches sur l'électricité atmosphérique. C'est grâce aux expériences de cet observateur éminent, que l'étude de l'électricité atmosphérique put s'élever plus tard, sur des bases solides, et former une branche importante de la physique. Un grand nombre d'observations faites de nos jours, et qui ont beaucoup servi pour les études de la météorologie actuelle, ne sont que la reproduction des faits observés antérieurement par le physicien de Turin.

CHAPITRE V

LES CERFS-VOLANTS ÉLECTRIQUES. — EXPÉRIENCES DE ROMAS À NÉRAC.

Les découvertes intéressantes qu'avait amenées l'emploi des barres de fer élevées dans l'espace, devaient engager les observateurs à tenter d'obtenir des résultats plus brillants encore. Mais on ne pouvait, avec des barres métalliques plantées dans le sol, recueillir l'électricité aérienne qu'à une faible élévation. C'est alors que se présenta l'idée d'aller puiser l'électricité au plus haut de l'air, au moyen d'un corps léger armé d'une pointe, et retenu de terre au moyen d'un fil, c'est-à-dire l'idée du *cerf-volant électrique*.

Nous allons nous écarter beaucoup de l'opinion commune, en essayant de prouver que la première idée du cerf-volant électrique n'appartient pas à Franklin, comme on l'a toujours admis depuis un siècle ; mais qu'elle est due à un physicien français, à Romas, de Nérac.

Dans les classes élevées de la société du dernier siècle, on trouvait quelques hommes d'élite qui, préparés par une éducation supérieure, distingués par l'élévation de l'esprit et du caractère, se sentaient instinctivement attirés vers tout ce que l'intelligence humaine peut produire dans les régions diverses où elle s'exerce. Beaux-arts, littérature, sciences, rien n'était étranger aux membres de cette société élégante et polie. On voyait, dans ces cercles distingués, le spectacle intéressant de l'aristocratie de la naissance accueillant et recherchant l'aristocratie du mérite. Les savants étaient toujours sûrs d'y rencontrer des protecteurs généreux, quelquefois même des émules.

C'est un cénacle de ce genre qui existait, au milieu du XVIIIe siècle, dans la province de Guyenne. Le fondateur, l'arbitre de cette petite société bordelaise, était le chevalier de Vivens.

Littérateur brillant, agronome de premier ordre, versé dans les différentes branches de nos connaissances, le chevalier de Vivens, l'un des esprits les plus distingués de son temps, était éminemment digne de présider et de diriger les hommes d'élite dont il aimait à s'entourer, et que son hospitalité généreuse rassemblait d'habitude dans son château de Clairac. Dans ces assemblées familières, qui se tenaient sous les frais ombrages de Clairac, on trouvait réunis : Montesquieu, qui aimait à se délasser de ses hautes spéculations sur l'histoire des lois et de la philosophie, par la culture de l'histoire naturelle et de la physique ; — le baron de Secondat, son fils, à qui l'Académie de Bordeaux dut plusieurs mémoires scientifiques estimés ; — le docteur Raulin, qui fut médecin par quartier de Louis XV ; — les frères Dutilh, qui habitaient un château des environs de Nérac, gentilshommes instruits et particulièrement habiles dans les expériences de physique ; — les abbés Guasco et Venuti ; — enfin, de Romas, que ses fonctions de juge au présidial avaient fixé à Nérac, sa ville natale.

Après le chevalier de Vivens, le chef scientifique de cette docte assemblée, l'inspirateur de ses travaux modestes, était Romas, savant d'un mérite réel, et qui ne resta étranger à aucune branche de la physique. C'est grâce à la sagacité de Romas, et au concours du petit cénacle de ses nobles et savants amis, que les expériences commencées à Paris sur l'électricité atmosphérique, trouvèrent à Nérac un complément et une suite qui forment une des pages les plus brillantes de l'histoire de la physique moderne.

Fig. 270. — Le cénacle scientifique du château de Clairac ; Montesquieu et le Baron de Secondat, son fils, le chevalier de Vivens, Romas et les frères Dutilh.

Les frères Dutilh secondèrent plus particulièrement Romas dans toutes ses expériences sur l'électricité, ou pour mieux dire, Mathieu Dutilh fut son collaborateur constant en ces sortes de travaux.

Mathieu Dutilh, seigneur et baron de la Tuque, né à Nérac en 1715, était, à 25 ans, avocat au parlement de Bordeaux. Ses relations avec Romas commencèrent en 1740, et continuèrent, sans interruption, jusqu'à la mort de ce dernier. Ces deux personnages travaillèrent avec la même ardeur aux belles expériences de physique que nous avons à raconter. C'est au château de la Tuque, qui appartenait à Mathieu Dutilh, qu'eut lieu le 14 mai 1753, la première expérience sur l'électricité atmosphérique. Les frères Dutilh et Romas assistaient seuls à cette expérience, qui fut répétée publiquement, le 7 juin de la même année, sur les allées qui entourent la ville de Nérac.

En 1760, Mathieu Dutilh fut appelé au gouvernement du duché d'Albret et du comté de Bas-Armagnac, avec le titre d'intendant général et commissaire député de S. A. S. Godefroy de Bouillon, duc souverain de l'Albret. Il mourut aveugle en 1791. Ses travaux sur le droit coutumier des provinces du midi de la France, lui avaient acquis une grande célébrité. Aussi ses collègues du parlement de Bordeaux, le désignaient-ils sous ce titre : l'*aveugle clairvoyant*[74].

Mais arrivons au récit des expériences sur l'électricité atmosphérique faites par Romas, tant au château de la Tuque qu'à Nérac.

On a vu, dans le chapitre précédent, que Romas, depuis longtemps voué à l'étude expérimentale de l'électricité, s'empressa, dès qu'il en eut connaissance, de répéter à Nérac l'expérience de Marly. Nous avons dit que, dès le mois de juin 1752, c'est-à-dire un mois après l'expérience de Dalibard, Romas faisait des recherches sur l'électricité atmosphérique avec une barre de fer isolée, et qu'il obtenait des résultats intéressants au moyen de sa verge de fer mobile, qu'il rendait tantôt verticale et tantôt inclinée sur l'horizon.

C'est dans le cours de ces dernières expériences, qu'il vint à l'esprit de Romas, la pensée d'envoyer vers les nuages orageux, un cerf-volant armé d'une pointe métallique, afin d'amener l'électricité des cieux jusqu'à la terre, au moyen de la corde du cerf-volant. Au mois d'août 1752, il communiqua, sous le sceau du secret, le projet de cette expérience à ses amis, le chevalier de Vivens et les frères Dutilh.

Mathieu Dutilh fut chargé de s'occuper de la construction du cerf-volant. Il fut convenu qu'il serait lancé dans les prairies qui environnaient le château de la Tuque. Mais Mathieu Dutilh mit quelque négligence à s'occuper de ce soin, de telle sorte que l'automne de 1752 s'écoula sans qu'on pût mettre à exécution l'expérience projetée.

Romas faisait allusion au projet de ce cerf-volant électrique, dans une lettre qu'il adressa à l'Académie de Bordeaux, le 12 juillet 1752, pour faire connaître le résultat de ses observations sur la barre isolée. Il s'exprimait comme il suit, employant à dessein des termes détournés, pour ne pas ébruiter d'avance, le projet d'une expérience qu'il n'avait pu mettre encore à exécution.

« Je me réserve de mettre au jour la dernière, *quoiqu'elle ne soit qu'un jeu d'enfant*, lorsque je me serai assuré de sa réussite, par l'expérience que je me propose d'en faire[75]. »

Mais laissons notre physicien raconter lui-même comment lui vint, en 1752, l'idée du cerf-volant électrique, et par quelles circonstances l'expérience qu'il avait méditée dut être renvoyée à l'année suivante. On trouve ce récit dans un petit ouvrage de Romas, qui a pour titre : *Mémoire sur les moyens de se garantir de la foudre dans les maisons, suivi d'une lettre sur l'invention du cerf-volant électrique*[76]. Après avoir rappelé les résultats qu'il avait communiqués le 12 juillet 1752, à l'Académie de Bordeaux, concernant ses expériences avec la barre de fer électrisée, Romas continue en ces termes :

« De cette observation je conclus que si je pouvais élever un corps non électrique et l'isoler commodément, j'obtiendrais de grandes lames de feu au lieu de petites étincelles.

« Pour vérifier cette conclusion, je pensai d'abord à substituer à la barre, qui avait sept à huit pieds de hauteur verticale au-dessus du toit de ma maison, un des plus longs mâts de navire que je pourrais trouver. Mais, ayant bientôt entrevu la nécessité d'une grande dépense, soit pour me procurer cette pièce, soit pour l'isoler, et plus encore dans la crainte de ne point obtenir des effets fort considérables, j'abandonnai cette idée presque dans le moment où je la conçus.

« Néanmoins, toujours plein du désir d'augmenter le volume du feu électrique, il fallut chercher le moyen qu'il y avait à trouver pour y parvenir ; en conséquence, je me plongeai dans de nouvelles méditations. Enfin une demi-heure après, tout au plus ; le cerf-volant des enfants se présenta tout à coup à mon esprit, et comme j'y vis aussitôt, sinon les effets éclatants que cette machine a montrés depuis, du moins en partie, il me tardait de la mettre à l'épreuve.

« Par malheur je n'en avais pas le temps : je devais rendre compte de mes observations sur la barre de M. Franklin à l'Académie de Bordeaux. C'est ce dont je m'acquittai, par une grande lettre que j'adressai à cette compagnie le 12 juillet 1752. Je ne me bornai pas à cela : je lui parlai aussi du procédé à la faveur duquel j'espérais de faire produire plus de feu électrique que je n'en avais vu sur la barre : je lui indiquai même suffisamment en quoi ce procédé consistait, puisque je le lui annonçai comme un simple jeu d'enfant »

« L'Académie reçut cette lettre avec un contentement des plus sensibles. Elle m'en donna une preuve, en me disant dans sa réponse, que le public, qui se plaît naturellement aux choses extraordinaires, serait bien aise, sans doute, de connaître mes observations sur le feu électrique du tonnerre, et l'utilité que je pensais pouvoir en retirer ; que cette considération l'avait déterminée à faire lire ma lettre dans l'assemblée publique du 25 août prochain ; mais que comme nous étions dans la saison des orages, et que peut-être il s'en élèverait quelqu'un avant le jour de cette séance, elle m'exhortait à continuer les expériences sur la barre, afin qu'elle eût quelque autre particularité à présenter au public sur la même matière.

« La façon d'électriser avec une barre, sans prendre d'autres soins que ceux de l'isoler, et de l'exposer à l'air, en temps d'orage, était trop piquante par elle-même, et la réponse de l'Académie m'était trop flatteuse, pour que je ne tinsse point compte de suivre sa recommandation. Animé par ce double motif, je renvoyai l'essai de mon cerf-volant à la première occasion qui se présenterait après le 25 août, et je continuai, sur la barre de M. Franklin, les expériences qui m'offrirent effectivement de nouveaux phénomènes dont je fis part à cette compagnie.

« Le mois d'août étant passé, il n'y eut presque plus d'orage, je ne pus même pas me procurer un cerf-volant avant l'hiver. Ainsi forcé d'attendre le printemps de l'année suivante, je ne lançai en l'air cette espèce de châssis, que le 14 du mois de mai 1753. »

C'est au mois de mai 1753, que Romas, secondé par les frères Dutilh, commença, au château de la Tuque, de procéder à ses expériences, qui furent poursuivies et variées avec une sagacité et un courage vraiment extraordinaires. Ces expériences méritent d'être rapportées avec détails.

Le premier cerf-volant qui fut préparé avait 18 pieds carrés de surface. Attaché à une simple corde de chanvre, il fut lancé une première fois, le 14 mai 1753, au château de la Tuque, par Romas et les frères Dutilh. Mais on ne put tirer de la corde aucune étincelle, bien qu'il tombât alors une pluie légère qui devait en augmenter la conductibilité, et que l'existence de l'électricité dans l'atmosphère fût rendue évidente par l'électrisation des barres de fer isolées que Romas avait élevées pour ses expériences antérieures.

L'issue de cette première tentative aurait découragé une volonté moins forte, un jugement moins sûr que celui du physicien de Nérac. Il ne se laissa pas déconcerter par cet échec, qu'il expliqua fort bien en remarquant que pendant son expérience, la pluie avait été faible, la corde de chanvre peu mouillée, et qu'une corde de chanvre, qui n'est pas mouillée, ne conduit jamais bien le feu électrique que lorsque l'électricité est très-forte[77]. »

Sur cette réflexion, il chercha aussitôt le moyen de remédier au défaut de conductibilité de son appareil.

Ce moyen consista à huiler le papier du cerf-volant, et à garnir la corde de chanvre, sur toute sa longueur, d'un fil de cuivre continu, c'est-à-dire d'un excellent conducteur du fluide électrique.

Romas fut aidé, dans la longue opération qui consistait à enrouler le fil de cuivre autour de la corde, par Mathieu Dutilh, son collaborateur habituel dans ses expériences de physique.

Le 7 juin 1753, par une journée très-orageuse, le cerf-volant fut lancé, à différentes reprises, dans les allées qui servent de promenade extérieure à la ville de Nérac, par Romas, assisté des frères Dutilh. La corde dont il était muni avait une longueur de 260 mètres. L'absence du vent, pendant une partie du jour, empêcha le cerf-volant de se soutenir en l'air ; mais à deux heures et demie, pendant qu'il tonnait du côté de l'ouest, le vent s'étant levé, on réussit mieux, bien qu'on eût lâché toute la corde qui, faisant alors avec l'horizon un angle d'à peu près 45 degrés, maintenait le cerf-volant à une hauteur d'au moins 183 mètres.

Le vent s'étant fortifié, il devint probable que le cerf-volant ne tomberait pas. Romas attacha donc à la partie inférieure de la corde du cerf-volant, un cordonnet de soie de 1 mètre 15 centimètres de longueur. Ce cordon venait se rattacher à une pierre très-lourde, qui fut placée sous l'auvent d'une maison. À la corde et avant le cordonnet de soie, on suspendit un cylindre de fer-blanc de 35 centimètres de longueur et de 3 centimètres de diamètre, qui, communiquant avec le fil de cuivre du cerf-volant, devait servir à tirer des étincelles en cas d'électrisation. Pour éviter tout accident, et préserver l'opérateur, Romas avait eu soin de préparer un véritable *excitateur*, qui consistait en un cylindre de fer-blanc d'un pied de longueur, fixé à un tube de verre.

Plus de deux cents personnes, sorties de la ville de Nérac, assistaient, avec une curiosité facile à comprendre, à la belle expérience qui se préparait.

Les premières étincelles que Romas tira avec l'*excitateur*, étaient faibles ; elles provenaient seulement de quelques petites nuées détachées du gros de l'orage encore éloigné. La médiocre intensité de ces effets électriques l'encouragea à les tirer avec le doigt, sans se servir de l'excitateur ; et, bientôt, à son exemple, tous les assistants s'approchèrent et se divertirent à faire partir des étincelles du tube de fer-blanc. Chacun s'avançait à tour de rôle, et s'amusait à faire jaillir le feu électrique. Les uns l'excitaient simplement avec le doigt, d'autres avec leur épée, avec une canne, un bâton ou une clef.

Ce petit exercice, qui dura vingt minutes, fut interrompu par un défaut d'électricité, dont la cause apparut manifestement aux yeux des spectateurs. Les petits nuages noirs qui avaient occasionné les premières étincelles, avaient disparu ; on ne voyait à leur place, qu'un nuage blanc à travers lequel on apercevait distinctement le bleu du ciel.

Dix minutes après, l'électricité reparut, mais d'abord très-faible. Après avoir langui quelques instants, elle reprit avec une certaine force. Tous les spectateurs, se rapprochant alors, recommencèrent leurs amusements. On jouait gaiement avec le tonnerre ; au milieu des rires et des propos animés, on s'émerveillait de voir étinceler sous ses doigts le feu descendu des nues.

Mais tout à coup, et sans que rien eût fait présager ce brusque retour offensif de l'électricité, Romas, en tirant une étincelle, fut frappé d'une commotion si violente qu'il en fut à demi renversé. À ses mouvements convulsifs, les assistants reconnurent bien qu'il avait été gravement frappé. Cependant, sept ou huit personnes ne craignirent pas de s'exposer au même coup. Elles se donnèrent la main comme dans l'expérience de Leyde, et la première toucha de son doigt le tube de fer-blanc ; aussitôt une forte commotion fut ressentie jusqu'à la cinquième personne.

Romas, comprenant alors que l'heure des amusements est passée, éloigne la foule qui l'entoure, et demeure seul auprès de son appareil, tenant l'*excitateur*à la main.

L'orage s'animait de plus en plus. Quoiqu'il ne tombât encore aucune goutte de pluie, de gros nuages noirs s'élevaient à l'horizon, et d'autres, placés au-dessus du cerf-volant, faisaient craindre qu'une très-forte électricité n'apparût tout à coup, et n'occasionnât quelque accident tragique.

Armé de l'*excitateur*, Romas s'approche du tube de fer-blanc, et il en tire, à la distance de quatre pouces, des étincelles qui avaient plus d'un pouce de longueur et deux lignes de largeur. Il excita ensuite, à une plus grande distance, des étincelles de deux pouces de long et grossies à proportion. Bientôt elles firent place à de véritables lames de feu, qui partaient à la distance de plus d'un pied, et dont l'explosion se faisait entendre à plus de deux cents pas.

Pendant qu'il continuait ainsi, il sentit au visage, bien qu'il se trouvât éloigné de plus de trois pieds de la corde, comme une impression de toile d'araignée. C'était l'émanation électrique du fil du cerf-volant qui, disséminée dans tous les sens, produisait cet effet, que l'on remarque souvent quand on se tient près du conducteur d'une puissante machine électrique en activité. Romas cria de toute sa force aux assistants de se reculer au plus tôt. Il fit lui-même un pas en arrière ; mais bientôt cette même sensation de toile d'araignée s'étant fait sentir une seconde fois, il s'écarta davantage encore.

Malgré le péril, croissant de minute en minute, Romas demeura seul à son poste d'observation, affrontant stoïquement la mort pour les intérêts de la science et de l'humanité. Dans cette situation émouvante et dramatique, il conserva assez de sang-froid et de calme fermeté pour observer tous les phénomènes qui s'offraient à ses yeux, comme s'il eût procédé, dans le laboratoire, à une expérience ordinaire.

On entendait un bruissement continu, comparable au bruit d'un soufflet de forge. Une forte odeur sulfureuse émanait du conducteur ; elle était analogue à celle des machines électriques. Malgré la lumière du jour, on distinguait autour de la corde du cerf-volant, un cylindre lumineux, de trois à quatre pouces de diamètre. Il est probable, d'après cela, que si l'on eût opéré pendant la nuit, on eût assisté au spectacle admirable et vraiment unique, d'une immense colonne de lumière partant de la terre pour se perdre dans les cieux.

Trois longues pailles, qui se trouvaient par hasard sur le sol, commencèrent une sorte de danse de pantins, qui réjouit beaucoup les spectateurs. Ces pailles, soulevées de terre, circulaient en sautillant, comme des marionnettes, au-dessous du tuyau de fer-blanc : ce spectacle dura un quart d'heure. Ensuite, quelques gouttes de pluie étant tombées, l'électricité redoubla d'énergie.

Romas cria de nouveau aux assistants de se reculer, et lui-même, se tenant plus à l'écart, jugea bon de ne plus tirer d'étincelles, même avec l'excitateur. Cet acte de prudence n'était que trop justifié. Ce ne fut pas, en effet, sans effroi qu'on entendit une explosion violente, qui provenait de l'électricité du conducteur se déchargeant sur la plus longue des pailles.

Le bruit de l'explosion, formée de trois craquements successifs, ne fut pas aussi fort que celui du tonnerre ; mais on l'entendit jusque dans le milieu de la ville. Quelques assistants le comparèrent au bruit que ferait une grosse cruche de terre que l'on jetterait avec violence sur le pavé. La lame de feu qui parut au moment de cette explosion, avait la forme d'un fuseau de quatre à cinq lignes de diamètre. La paille s'éleva le long de la corde du cerf-volant ; on la vit jusqu'à une distance de 100. mètres, tantôt attirée, tantôt repoussée, avec cette circonstance que chaque fois qu'elle était attirée par la corde, il en partait des lames de feu accompagnées d'explosions.

À cette décharge, qui était certainement un petit coup de tonnerre, en succédèrent bientôt deux autres, occasionnées sans doute, par quelques menus corps qui se trouvaient sur la terre au-dessous du tuyau de fer-blanc.

Une dernière observation que fit Romas dans le cours de cette expérience, et certainement la plus importante de toutes, c'est qu'à partir du moment où les étincelles tirées du conducteur de fer-blanc furent un peu fortes, jusqu'à la fin de l'expérience, les nuages ne donnèrent plus ni éclairs ni pluie, et qu'à peine entendit-on le tonnerre dans le ciel. Les signes d'orage reprirent après la chute du cerf-volant.

Ce fait prouve bien que Romas, dans cette expérience extraordinaire, fit avorter un orage, et déchargea des nuages électrisés, c'est-à-dire les dépouilla de la plus grande quantité de leur fluide, qu'il fit descendre, inoffensif, jusqu'à la terre[78].

L'expérience se termina par la chute du cerf-volant. Le vent ayant tourné à l'est, la pluie devint plus abondante et il tomba un peu de grêle. Dès lors le cerf-volant ne put plus se soutenir en l'air.

Pendant qu'il tombait, la corde ayant touché à un toit, on crut pouvoir la manier sans danger. On en pelota environ 40 mètres ; mais le cerf-volant s'étant par hasard un peu soulevé par l'effort du vent, le conducteur ne toucha plus au toit, et celui qui le tenait sentit dans les mains un craquement si fort, et dans le corps une commotion si violente, qu'il fut obligé de tout lâcher. La corde qu'il abandonna tomba sur le pied de l'un des assistants, qui éprouva une forte secousse.

Le mémoire dans lequel Romas décrit l'expérience admirable que nous venons de rapporter, se termine par des conseils aux personnes qui, selon son expression, « ayant un courage mâle, » voudraient faire la même tentative. Ces conseils donnés avec une précision rigoureuse, sont en harmonie avec les faits les mieux établis en électricité, et la science moderne ne trouverait aucun changement à y apporter. Les indications données par Romas pour se mettre à l'abri des dangers de l'électricité soutirée des nuages par le cerf-volant, sont applicables aux barres métalliques. Si elles avaient été connues plus tôt, l'infortuné Richmann, à Saint-Pétersbourg, ne serait pas mort foudroyé.

Le mémoire dans lequel Romas raconte les détails de l'expérience du cerf-volant, fut lu dans une séance publique de rentrée de l'Académie des sciences de Bordeaux. Il excita dans l'assemblée un véritable enthousiasme. L'Académie des sciences de Paris, sur le désir de l'abbé Nollet, ordonna l'insertion de ce travail dans les *Mémoires des savants étrangers* ; il parut dans ce recueil en 1755[79].

Fig. 271. — Expérience du cerf-volant électrique faite par
Romas, le 7 juin 1753, dans les allées de la ville de Nérac.

Romas continua pendant plusieurs années, ses expériences
sur l'électricité atmosphérique, soit avec des barres, soit avec
des cerfs-volants. Selon M. Mergey, professeur de physique au
lycée de Bordeaux, auteur d'une excellente*Étude sur les travaux
de Romas*, couronnée en 1853 par l'Académie de Bordeaux, et à
laquelle nous avons emprunté divers renseignements, « Romas
consigna les nombreux résultats de ses observations dans un

journal d'expériences qui n'a pas été conservé. Quelques extraits de ce journal, relatifs à l'électricité de l'air en temps ordinaire et en l'absence de tout nuage orageux, lui fournirent la matière d'un Mémoire présenté à l'Académie de Bordeaux (avril 1753), et qui existe encore en manuscrit. »

Romas crut avoir constaté le premier la présence de l'électricité dans l'atmosphère par un ciel serein ; mais sa mauvaise fortune voulut que Lemonnier, comme nous l'avons dit plus haut, eût fait avant lui la même découverte, dont il donna communication à l'Académie des sciences de Paris, en novembre 1752. Nous devons dire pourtant que les expériences de Nérac, si elles vinrent après celles de Paris, furent faites sur une bien plus large échelle, et que les conclusions en étaient plus nettement formulées.

Aucun physicien n'a jamais déployé, dans un cas semblable, l'audace dont Romas donna les preuves dans toutes ses expériences avec le cerf-volant électrique. Les résultats qu'il obtint sont vraiment prodigieux et n'ont jamais été égalés. Le physicien Charles, qui, à l'exemple de Pilâtre de Rozier, exécuta plus tard des expériences avec le cerf-volant électrique, fut loin de reproduire l'intensité des phénomènes observés par Romas.

Plusieurs fois la vie du physicien de Nérac fut en danger. Le 21 juin 1756, il reçut une commotion si forte, qu'il fut jeté par terre. Les effets qu'il obtint en 1757 furent d'une intensité effrayante. Ce n'étaient plus des étincelles électriques qu'il excitait du fil du cerf-volant, mais des lames de feu de neuf à dix pieds de longueur, et d'un pouce de largeur, qui éclataient avec le bruit d'un coup de pistolet.

La description de ces derniers résultats est contenue dans une lettre écrite par Romas à l'abbé Nollet, le 26 août 1757, et qui a été reproduite dans les *Mémoires des savants étrangers à l'Académie de Paris* :

« Vous jugeâtes, Monsieur, écrit Romas à l'abbé Nollet, que ma première expérience électrique du cerf-volant, où j'eus le plaisir de voir des lames de feu de sept à huit pouces de longueur, méritait d'être connue du public, puisque vous m'avez fait l'honneur de l'insérer dans le second volume des mémoires fournis par les étrangers à votre académie ; mais les effets électriques du même cerf-volant ont été bien autre chose dans une expérience que je fis le 16 de ce mois, pendant un orage que j'ose dire n'avoir été que médiocre, puisqu'il ne tonna presque point et que la pluie fut fort menue. Imaginez-vous de voir, Monsieur, des lames de feu de neuf à dix pieds de longueur et d'un pouce de grosseur, qui faisaient autant ou plus de bruit que des coups de pistolet ; en moins d'une heure j'eus certainement trente lames de cette dimension, sans compter mille autres de sept pieds et au-dessous. Mais ce qui me donna le plus de satisfaction dans ce nouveau spectacle, c'est que les plus grandes lames furent spontanées, et que, malgré l'abondance du feu qui les formait, elles tombèrent constamment sur le corps non électrique le plus voisin. Cette constance me donna tant de sécurité, que je ne craignis pas d'exciter ce feu avec mon *excitateur*, dans le temps même que l'orage était assez animé, et il arriva que, lorsque le verre dont cet instrument est construit n'eut que deux pieds de long, je conduisis où je voulus, sans sentir à ma main la plus petite commotion, des lames de feu de six à sept pieds avec la même facilité que je conduisais des lames qui n'avaient que sept à huit pouces[80]. »

On voit, d'après cela, que, dans cette expérience, Romas déchargeait un nuage orageux, et donnait l'exemple extraordinaire d'un homme osant, de ses propres mains, détourner et diriger la foudre. L'intensité des phénomènes électriques produits dans cette dernière circonstance tenait à l'excessive longueur de la corde du cerf-volant, qui n'avait pas moins de 520 mètres de longueur.

Pour manœuvrer plus commodément un cerf-volant muni d'une telle longueur de corde, Romas avait imaginé une petite machine portée sur un chariot mobile, à l'aide de laquelle il déroulait la corde, sans avoir besoin d'y toucher. Il remplaça aussi, à la même époque, l'*excitateur* à manche de verre par un instrument d'un nouveau genre, consistant en un fil métallique attaché à la corde du cerf-volant, et que l'on manœuvrait de loin à l'aide d'un cordon de soie ; mais il revint ensuite à la première disposition.

Ces expériences étonnantes sur l'électricité atmosphérique, Romas les exécutait presque toujours en présence des curieux et aux portes de la ville. La population de Nérac, qu'impressionnaient fortement ces effrayantes scènes, avait fini par éprouver une sorte de terreur superstitieuse en présence de l'homme qui osait jouer ainsi avec le plus terrible des météores, et grâce aux préjugés du temps, l'assesseur au présidial passait à Nérac pour un sorcier.

Ce fâcheux renom s'était étendu jusqu'à Bordeaux, et Romas faillit en être victime. En 1759, il s'était rendu dans cette ville, pour répéter son expérience du cerf-volant électrique, en présence de M. de Tourny, le célèbre intendant de la province de Guyenne. Le jardin public fut choisi comme le lieu le plus convenable pour lancer le cerf-volant, qui fut déposé provisoirement, et en attendant un jour d'orage, chez un cafetier logé dans les bâtiments de la terrasse du jardin.

Par malheur, la foudre vint inopinément à tomber sur ces bâtiments. La clameur publique ne manqua pas dès lors, d'accuser le cerf-volant du physicien de Nérac d'avoir attiré le tonnerre. Le peuple se rassembla en tumulte devant le café, menaçant de tout saccager. Le maître de la maison, pour donner satisfaction aux mécontents, se hâta de jeter hors de chez lui l'innocente machine, que la multitude eut bientôt mise en pièces. L'expérience projetée ne put donc avoir lieu.

Depuis ce jour, lorsque Romas passait dans les rues de Bordeaux, on s'écartait à son approche, et on se montrait du doigt le magistrat audacieux qui tenait d'une puissance occulte le secret de faire tomber la foudre.

CHAPITRE VI

CERF-VOLANT ÉLECTRIQUE DE FRANKLIN AUX ÉTATS-UNIS. — PARALLÈLE DES EXPÉRIENCES DE FRANKLIN ET DE ROMAS.

Arrivons maintenant à l'expérience faite avec un cerf-volant électrique, par Franklin, à Philadelphie, expérience qui eut lieu antérieurement à celle de Romas, mais que l'ordre de notre récit nous a obligé de renvoyer ici.

C'est au mois de janvier 1753, que l'Académie des sciences de Paris fut informée, par une lettre du physicien Watson, de l'expérience du cerf-volant électrique, qui venait d'être exécutée par l'électricien des États-Unis. Voici le texte de la lettre de Watson, datée de Londres le 15 janvier 1753, et adressée à l'abbé Nollet :

« M. Franklin, écrit Watson, a remis à la Société royale, il y a quinze jours, une assez belle expérience électrique, pour tirer l'électricité des nuées. Sur deux petits bâtons de bois croisés, d'une longueur convenable, faites étendre à ses angles un mouchoir de soie, dressez-le avec une queue et une corde de chanvre, etc., et vous aurez un cerf-volant des enfants. À l'extrémité d'un de ces petits bâtons, à l'autre bout duquel on attache la queue, il faut mettre un fil de fer d'un pied de longueur ; on se sert dans cette machine de soie, au lieu de papier, pour la garantir plus sûrement du vent et de la pluie. Quand on entend un orage de tonnerre (qui sont très-fréquents en Amérique), on fait monter, à l'ordinaire, ce cerf-volant moyennant du fil de chanvre, à l'extrémité duquel on attache un ruban de soie, que l'observateur empoigne, se retirant, pendant qu'il fait de la pluie, dans une maison, afin que ce ruban ne se mouille point. On devrait encore garder que le fil de chanvre ne touchât point les murs, ni les bois de la maison. Quand les nuées de tonnerre s'approchent de la machine, ce cerf-volant avec le fil de chanvre s'électrise, et les petits morceaux de chanvre s'étendent de tous côtés ; et en mettant une petite clef sur ce fil, vous tirez les étincelles ; mais lorsque la machine, le fil, etc., sont pleinement mouillés, l'électricité se conduit avec plus de facilité, et on peut voir les aigrettes de feu sortir abondamment de la clef, en approchant le doigt. De plus, de cette façon, on peut allumer l'eau-de-vie, et faire l'expérience de Leyde et tout autre expérience de l'électricité[81]. »

Cette lettre est bien laconique, et les éclaircissements qu'elle fournit sur l'expérience sont fort incomplets. Pour obtenir une description plus précise, nous sommes obligé de recourir aux *Mémoires de Franklin*, ou plutôt à la suite de ses *Mémoires*, composés par son fils, Guillaume Franklin, qui fut gouverneur de New-Jersey :

« Ce ne fut que dans l'été de 1752, écrit cet auteur, que Franklin put démontrer efficacement sa grande découverte. La méthode qu'il avait d'abord proposée était de placer sur une haute tour, ou sur quelque autre édifice élevé, une guérite au-dessus de laquelle serait une pointe de fer isolée, c'est-à-dire plantée dans un gâteau de résine. Il pensait que les nuages électriques qui passeraient au-dessus de cette pointe lui communiqueraient une partie de leur électricité, ce qui deviendrait sensible par les étincelles qui en partiraient toutes les fois qu'on en approcherait une clef, la jointure du doigt ou quelque autre conducteur.

« Philadelphie n'offrait alors aucun moyen de faire une pareille expérience ; tandis que Franklin attendait impatiemment qu'on y élevât une pyramide, il lui vint dans l'idée qu'il pourrait avoir un accès bien plus prompt dans la région des nuages par le moyen d'un cerf-volant ordinaire que par une pyramide. Il en fit un en étendant sur deux bâtons croisés un morceau de soie, qui pouvait mieux résister à la pluie que du papier. Il garnit d'une pointe de fer le bâton qui était verticalement posé. La corde était de chanvre, comme à l'ordinaire, et Franklin en noua le bout à un cordon de soie qu'il tenait dans sa main. Il y avait une petite clef attachée à l'endroit où la corde de chanvre se terminait.

« Aux premières approches d'un orage, Franklin se rendit dans les prairies qui sont aux environs de Philadelphie. Il était avec son fils, à qui seul il avait fait part de son projet, parce qu'il craignait le ridicule qui, trop communément pour l'intérêt des sciences, accompagne les expériences qui ne réussissent pas. Il se mit sous un hangar, pour être à l'abri de la pluie. Son cerf-volant étant en l'air, un nuage orageux passa au-dessus ; mais aucun signe d'électricité ne se manifestait encore, Franklin commençait à désespérer du succès de sa tentative, quand tout à coup il observa que quelques brins de la corde de chanvre s'écartaient l'un de l'autre et se roidissaient. Il présenta aussitôt son doigt fermé à la clef, et il en retira une forte étincelle. Quel dut être alors le plaisir qu'il ressentit ! De cette expérience dépendait le sort de sa théorie. Il savait que, s'il réussissait, son nom serait placé parmi les noms de ceux qui avaient agrandi le domaine des sciences ; mais que, s'il échouait, il serait inévitablement exposé au ridicule, ou, ce qui est encore pire, à la pitié qu'on a pour un homme qui, quoique bien intentionné, n'est qu'un faible et inepte fabricateur de projets.

« On peut donc aisément concevoir avec quelle anxiété il attendait le résultat de sa tentative. Le doute, le désespoir, avaient commencé à s'emparer de lui, quand le fait lui fut si bien démontré, que les plus incrédules n'auraient pu résister à l'évidence. Plusieurs étincelles suivirent la première. La bouteille de Leyde fut chargée, le choc reçu, et toutes les expériences qu'on a coutume de faire avec l'électricité furent renouvelées. »

Louis Figuier

Fig. 272. — Expérience du cerf-volant électrique faite à
Philadelphie, par Franklin, au mois de septembre 1752.

D'après ce récit authentique, on voit que l'expérience de Franklin
est loin de répondre à l'idée élevée qu'on a l'habitude d'en concevoir,
sur la foi des innombrables éloges qu'elle a reçus jusqu'à nos jours.
Quand on examine de près cette expérience, tant célébrée en prose
et en vers, on s'aperçoit qu'elle donne lieu à bien des remarques.
On voit surtout combien, dans la même circonstance, Romas, dont
le nom a été à peine prononcé jusqu'à ce jour, fut supérieur au
physicien de Philadelphie.

Sans porter atteinte au génie de Franklin, il est permis de dire
que, dans les préparatifs et l'exécution de cette expérience, sa
sagacité habituelle lui fit défaut ; que, préparée sans les prévisions
suffisantes, elle fut conduite avec négligence, et ne dut qu'au hasard

CHAPITRE VI

la cause de son succès. Franklin construit avec un mouchoir de soie étalé sur deux bâtons croisés, un cerf-volant, qui devait être lourd, difficile à enlever, et qui avait, en outre, le grand défaut d'être fait d'une matière qui ne conduit pas l'électricité. Une corde de chanvre est aussi, surtout quand elle est sèche, un assez mauvais conducteur du fluide électrique. Franklin ne se préoccupe pas de ces conditions défavorables, et si la pluie, qui survint fortuitement, n'eût rendu cette corde légèrement conductrice, l'expérience était manquée. Il laisse apparaître la même imprévoyance pour se mettre à l'abri des dangers auxquels pouvait l'exposer la présence, dans la corde du cerf-volant, d'une notable quantité d'électricité tirée des nuages.

Ne s'étant pas muni d'un *excitateur* ou d'un instrument analogue, il s'exposait aux plus graves périls en tirant simplement avec le doigt, des étincelles de la clef suspendue à la corde du cerf-volant.

En un mot, Franklin aurait infailliblement éprouvé un échec, si la pluie, qui n'entrait pas dans ses calculs, n'était arrivée pour faire réussir des dispositions, très-vicieuses en fait.

Combien l'expérience de Franklin pâlit quand on la compare à celle du physicien de Nérac ! Quelle différence dans les préparatifs, dans l'exécution, dans les résultats ! Romas prépare son expérience avec le soin, l'habileté, la prudence, d'un physicien consommé. Il a compris d'avance les dangers qui vont l'assaillir, et il a pris les plus sages mesures pour préserver sa vie et celle des personnes qui l'environnent. Confiant dans les mesures qu'il a calculées, au lieu de se cacher pour éviter le ridicule d'un échec, il opère en présence de tous ; il convie de nombreux assistants à venir admirer les merveilles qu'il a prédites.

Ainsi, le talent dans la disposition de l'expérience, la sagacité qui préside à son exécution, l'éclat admirable de ses résultats, tout est en faveur de notre compatriote, et, sous ce rapport, on peut le dire hardiment, l'expérience du physicien français est cent fois au-dessus de celle de Franklin.

Il nous reste à prouver que le physicien de Nérac n'avait nullement, comme on l'a dit constamment jusqu'à ce jour, emprunté à Franklin l'idée du cerf-volant électrique. Cette opinion, profondément inexacte, qui fait de Romas l'imitateur, le simple copiste de Franklin, dans l'expérience du cerf-volant, fut introduite dans l'histoire par Priestley, le partisan enthousiaste de Franklin, le défenseur, toujours partial, des travaux des physiciens qui appartiennent, de près ou de loin, à l'Angleterre. Les assertions contenues dans l'*Histoire de l'électricité* de Priestley, ont été reproduites, sans contrôle et sans critique, par tous les auteurs qui ont tracé, avec plus ou moins de soin, l'historique de l'électricité. Ainsi s'est établie et propagée l'erreur que nous combattons.

On admet généralement aujourd'hui, et l'on répète uniformément dans tous les ouvrages de physique et de météorologie, que, tandis que Dalibard expérimentait en France, Franklin, ignorant complètement ce qui venait de se passer en Europe, et fatigué d'attendre la construction du clocher de Philadelphie, imagina spontanément l'expérience du cerf-volant électrique. On fixe au 22 juin 1752 la date de son expérience du cerf-volant. On ajoute, sans autre explication, que la même expérience fut répétée en France, en 1753, par Romas, que l'on représente ainsi comme le simple imitateur de Franklin.

Écoutons, par exemple, M. Becquerel père, le physicien de nos jours le plus en crédit sur la matière qui nous occupe. Dans son *Traité expérimental de l'électricité et du magnétisme*, M. Becquerel, après avoir rappelé l'expérience de Dalibard à Marly, s'exprime en ces termes :

« Franklin ignorait qu'on eût fait cette expérience en France ; il attendait, pour, la tenter, qu'un clocher qu'on élevait à Philadelphie fût terminé, afin d'y placer à une hauteur convenable la barre isolée qu'il se proposait d'employer ; mais il lui vint dans l'idée qu'un cerf-volant, qui dépasserait les édifices les plus élevés, remplirait bien mieux son but. En conséquence, il attacha, en juin 1752, les quatre coins d'un grand mouchoir de soie aux extrémités de deux baguettes de sapin placées en croix, auquel il ajusta les accessoires convenables, et en outre une pointe de métal. À l'approche d'un orage, il se rendit dans un champ, accompagné de son fils. Ayant lancé le cerf-volant, il attacha une clef à l'extrémité de la ficelle, puis un cordon de soie qu'il assujettit à un poteau, afin d'isoler l'appareil. Le premier signe d'électricité qu'il remarqua fut la divergence des filaments de chanvre qui avaient échappé à la torsion. Un nuage épais ayant passé au-dessus du cerf-volant, il tomba un peu de pluie, qui rendit la corde humide et donna écoulement à l'électricité. Ayant présenté le dos de la main à la clef, il en tira des étincelles brillantes et aiguës avec lesquelles il enflamma l'alcool et chargea des bouteilles de Leyde. C'est ainsi qu'une découverte importante que Franklin appelait modestement une hypothèse, fut mise au nombre des vérités scientifiques...

« Dalibard et Franklin ne furent pas les seuls qui cherchèrent à soutirer la foudre des nuages. En France, le 26 mars 1756, Romas obtint des resultats étonnants. Il avait construit un cerf-volant de sept pieds de haut, sur trois de large, qui fut élevé à la hauteur de cinq cent cinquante pieds avec une corde dans laquelle il avait entrelacé un fil de métal. Il s'établit entre la corde et la terre un courant d'électricité qui parut avoir trois ou quatre pouces de diamètre et dix pieds de long ; ce phénomène se passait pendant le jour ; M. de Romas ne douta pas que s'il eût eu lieu pendant la nuit, l'atmosphère électrique aurait eu quatre ou cinq pieds de diamètre. On sentit en même temps une odeur de soufre fort approchante de celle des écoulements électriques qui sortent d'une barre de métal électrisée. On découvrit un trou dans la terre, à l'endroit où la décharge avait eu lieu, d'un pouce de diamètre et d'un demi-pouce de largeur[82]. »

Ainsi, M. Becquerel, qui commet d'ailleurs une erreur matérielle en fixant à l'année 1756 l'expérience de Romas, qui eut lieu en 1753, nous représente le physicien de Nérac comme ayant simplement reproduit et perfectionné l'expérience de Franklin.

On est allé plus loin encore dans cette appréciation inexacte de ce point important de l'histoire de l'électricité. Dans sa Notice sur Franklin, imprimée dans la *Biographie universelle de Michaud*, Biot va jusqu'à supprimer tous les travaux des physiciens français sur l'électricité atmosphérique. Il passe sous silence les expériences de Buffon, de Dalibard, de Delor, de l'abbé Mazéas, etc., pour faire honneur au seul Franklin de toutes les découvertes sur l'électricité.

« Franklin, nous dit Biot, reconnut aussi le pouvoir que possèdent les pointes de déterminer lentement et à distance l'écoulement de l'électricité ; *et tout de suite, comme son génie le portait aux applications*, il conçut le projet de faire descendre sur la terre l'électricité des nuages, si toutefois les éclairs et la foudre étaient des effets de l'électricité.

« Un simple jeu d'enfant lui servit à résoudre ce hardi problème. Il éleva un cerf-volant par un temps d'orage, suspendit une clef au bas de la corde, et essaya d'en tirer des étincelles. D'abord, ses tentatives furent inutiles ; enfin, une petite pluie étant survenue, mouilla la corde, lui donna ainsi un faible degré de conductibilité, et, à la grande joie de Franklin, le phénomène eut lieu comme il l'avait espéré. Si la corde avait été plus humide ou le nuage plus intense, il aurait été tué, et sa découverte périssait probablement avec lui. »

Ce récit de Biot contient beaucoup d'inexactitudes. Franklin ne demanda pas tout de suite à l'expérience, la confirmation de ses conjectures sur l'origine électrique de la foudre. Après avoir exposé cette idée théorique, il laissa à d'autres le soin de la vérifier expérimentalement. Après avoir mis en avant cette pensée, il demeura pendant près de trois années, indifférent, inactif, laissant aux physiciens de l'Europe le soin d'expérimenter à sa place, ne daignant pas même applaudir leurs tentatives, ou les encourager, et plus tard, dans ses écrits, en parlant le moins possible. Ce n'est qu'après avoir reçu la nouvelle des belles expériences sur l'électricité atmosphérique faites par Dalibard à Marly, que Franklin se mit à l'œuvre, et qu'il entreprit l'expérience du cerf-volant, qu'il conduisit d'ailleurs assez maladroitement, comme nous l'avons déjà fait remarquer.

La même appréciation erronée se retrouve dans un ouvrage publié en 1866, par M. le docteur Sestier, assisté de M. le docteur Mehu, pharmacien de l'hôpital Necker, et intitulé : *De la foudre, de sa forme, de ses effets*[83]. Dans le chapitre intitulé « *Les paratonnerres avant Franklin* » [84], l'auteur répète les anciens errements qui attribuent cette invention à Franklin. Cette question historique est traitée avec une négligence inexplicable dans l'ouvrage, d'ailleurs estimable, de M. Sestier. Ce savant médecin, qui a remué des montagnes de livres pour composer sa monographie de la foudre, et qui cite un très-grand nombre d'auteurs sur des faits très-secondaires, paraît avoir totalement ignoré ce que nous avions écrit sur cette question historique. Il se borne, en effet, à rapporter, en quelques lignes insignifiantes, l'ancienne opinion qui attribue à Franklin, l'idée du cerf-volant électrique, comme celle du paratonnerre.

« L'identité de l'électricité des machines et de la foudre venait d'être inventée ; ce fut alors que Franklin inventa le paratonnerre. Franklin est incontestablement l'inventeur des paratonnerres. »

L'auteur de cette récente monographie de la foudre, s'est donc borné, comme tous ses prédécesseurs, à répéter, concernant l'invention du cerf-volant électrique, des assertions dont l'inexactitude est maintenant démontrée.

Les écrivains des deux hémisphères qui, depuis un siècle, reproduisent uniformément cette assertion, ont eu tort d'affirmer que l'idée du cerf-volant électrique se présenta à l'esprit de Franklin, avant qu'il eût reçu communication des expériences faites par Dalibard, en France, sur l'électrisation des barres de fer isolées. Franklin a autorisé cette erreur en gardant toujours le silence sur cette question, ou en laissant parler ses partisans qui voulaient lui attribuer la gloire tout entière des découvertes relatives à l'électricité atmosphérique. Mais il n'en est pas moins certain que Franklin ne procéda à ses expériences sur l'électricité des nuages, et à l'essai du cerf-volant, qu'après avoir reçu la nouvelle de la réussite de Dalibard à Marly. Tout nous porte à croire, en effet, que l'expérience du cerf-volant électrique faite par Franklin, n'eut pas lieu, comme on l'admet généralement, en juin 1752, mais seulement dans le courant de septembre. La lettre par laquelle Franklin annonce à Collinson les résultats de l'expérience du cerf-volant, est écrite de Philadelphie à la date du 19 octobre 1752, et Franklin y parle constamment de cette expérience comme si elle était toute récente[85].

Nous avons établi que Romas avait eu dès l'année 1752 l'idée d'employer le cerf-volant pour soutirer l'électricité des nuages, et que, dans sa lettre du 12 juillet 1752, il communiqua son projet à l'Académie de Bordeaux en des termes un peu détournés, mais qui se rapportaient manifestement à cet objet ; — que le 9 juillet 1752, il faisait confidence de ce projet, sans périphrase et sans restriction, à son ami Mathieu Dutilh. Ajoutons que le 19 août de la même année, au château de Clairac, il renouvela cette confidence au chevalier de Vivens, et à M. Bégué, curé du village d'Asquets. On voit donc bien positivement que Romas n'avait emprunté à personne l'idée du cerf-volant électrique. C'est au mois de juillet 1752 qu'il en conçut le projet. S'il ne mit pas alors cette pensée à exécution, et s'il ne fit qu'au mois de juin 1753, l'admirable expérience dont nous avons rapporté les détails, et s'il fut, par conséquent, devancé par Franklin qui lançait son cerf-volant électrique en septembre 1752, c'est-à-dire huit mois auparavant, il n'en est pas moins certain, — et c'est là le point historique que nous voulions établir, — que Romas ne fut le copiste ni l'imitateur de personne, et qu'*il n'emprunta pas à Franklin* l'idée de cette expérience immortelle.

L'opinion que nous nous efforçons ici de combattre, et qui enlève à Romas le mérite, l'initiative de son expérience du cerf-volant, existait, il faut le dire, du temps même de ce physicien : elle fit le tourment de ses derniers jours, et il mourut sans avoir la satisfaction d'avoir obtenu justice. Il n'avait pourtant rien négligé pour atteindre un but si légitime.

Fig. 273. — De Romas.

Pour bien établir ses droits de priorité dans l'expérience du cerf-volant électrique, Romas avait écrit en Amérique à Franklin lui-même, le 19 octobre 1753, en lui envoyant deux mémoires dans lesquels il exprimait très-nettement ses prétentions, et où l'expérience du cerf-volant racontée dans tous ses détails, était présentée comme lui appartenant en propre. À cette invitation directe de s'expliquer sur le sujet du débat, Franklin se contenta de répondre, le 29 juillet 1754, par une lettre évasive, dans laquelle il ne fait aucune allusion, pour la repousser ni pour l'admettre, à la prétention de Romas concernant la première idée de l'emploi du cerf-volant. Voici cette lettre de Franklin :

Fig. 274. — Mathieu Dutilh.

« Monsieur, la très-obligeante lettre dont vous m'avez favorisé le 19 octobre, et vos deux excellents mémoires sur le sujet de l'électricité, ne m'ont été rendus qu'hier par un vaisseau qui est sur le point de partir pour Londres. Je ne puis que vous en accuser la réception, et vous assurer que la correspondance que vous m'offrez d'une manière si polie me sera extrêmement agréable. Je suis obligé de différer une plus particulière réponse à la plus prochaine commodité. Je vous envoie en même temps un de mes nouveaux mémoires sur la foudre qui ne sera peut-être pas imprimé avant de parvenir jusqu'à vous.

« Je suis respectueusement, Monsieur,

« Votre très-humble et très-reconnaissant serviteur,

« B. FRANKLIN. »

Mais la réponse promise n'arriva jamais, et Romas dut se contenter, en attendant mieux, de ces protestations de politesse banale.

« On dirait, dit à ce sujet M. Mergey, dans son *Étude sur les travaux de Romas*, que Franklin, auquel l'opinion publique, trop prévenue, attribuait si libéralement le double mérite d'avoir conçu et réalisé l'expérience qui démontre la présence de l'électricité dans les nuages orageux, ne persista dans son silence obstiné que pour entretenir une méprise, fort profitable sans doute à sa réputation, mais très-nuisible à la réputation de ses émules scientifiques. Il semble envier à ces derniers, expérimentateurs plus actifs et plus habiles, l'honneur de l'avoir devancé et surpassé dans leurs hardies expériences ; il lui en coûte d'avouer qu'il a eu des collaborateurs dans cette grande découverte qui a immortalisé son nom ; aussi, pour éviter cet aveu, pénible à son amour-propre, fait-il de la diplomatie, et s'il ne ment pas pour le triomphe égoïste de sa cause, du moins il ne défend pas à ses amis de mentir quand il y trouve son profit[86]. »

Ajoutons que ce ne fut pas seulement envers Romas que Franklin se montra injuste. Il ne traita pas avec plus de générosité Dalibard, dont il n'a pas prononcé une seule fois le nom dans sa volumineuse correspondance scientifique. Ainsi, pendant que l'Europe entière donne à la belle expérience de Dalibard le nom d'*expérience de Marly*, Franklin seul l'appelle l'*expérience de Philadelphie* (lettre du 18 octobre 1752), et quand il résume, dans une lettre adressée à Collinson (septembre 1753), l'ordre historique de ses recherches sur l'électricité atmosphérique, après la description de quelques expériences infructueuses sur l'électrisation de l'air par le frottement, il ajoute, sans faire la plus légère allusion à Dalibard :

« En septembre 1752, j'élevai une verge de fer pour tirer l'éclair dans ma maison, afin de faire quelques expériences dessus, ayant disposé deux timbres pour m'avertir quand la verge serait électrisée. Cette pratique est familière à tout électricien. »

Le nom de Dalibard, le premier auteur de cette expérience, n'est pas même prononcé.

Sans prétendre accuser Franklin d'avoir mis un calcul dans son silence, on doit pourtant faire remarquer que ce silence, avec lequel s'accordaient si bien les assertions de Priestley, donna le change a l'opinion publique, et accrédita l'erreur que nous essayons de dissiper.

Mais Romas porta sa réclamation devant l'Académie des sciences de Paris, qui lui rendit pleinement justice. En 1764, notre Académie des sciences fut appelée à prononcer entre Franklin et lui. Les commissaires nommés par l'Académie, Duhamel et l'abbé Nollet, ouvrirent une sorte d'enquête, où furent appelées et entendues les personnes dont Romas invoquait le témoignage. Leurs souvenirs et les preuves irrécusables qui furent fournies, établirent, sans contestation possible, l'originalité des recherches du physicien de Nérac. C'est grâce à ces déclarations, et après un examen approfondi de la question, que Nollet et Duhamel arrivèrent, le 4 février 1764, à formuler comme il suit les conclusions de leur rapport.

« Ayant égard à toutes ces preuves, nous croyons que M. de Romas n'a emprunté à personne l'idée d'appliquer le cerf-volant aux expériences électriques, et qu'on doit le regarder comme le premier auteur de cette invention, jusqu'à ce que M. Franklin ou quelque autre fasse connaître par des preuves suffisantes qu'il y a pensé avant lui. »

Avec sa prudence ordinaire, Franklin se garda bien de réclamer contre cette décision de l'Académie des sciences de Paris. Il resta bouche close, comme s'il reconnaissait pour sa part l'équité de ce jugement.

« Mais, dit M. Mergey, cette résignation sournoise ne l'empêcha pas, trois ans après, en 1767, de laisser son ami Priestley parler de Romas en termes cavaliers. On peut alléguer, il est vrai, pour sa justification, qu'il ignorait la déclaration des commissaires de l'Académie, ce qui est très-possible, sans être aucunement probable[87]. »

En 1768, le *Journal encyclopédique*, dans une analyse de l'ouvrage de Priestley qui venait de paraître à Londres, avait reproduit les assertions inexactes de l'écrivain anglais concernant Romas, et dit à propos de l'expériencedu cerf-volant de Franklin : « M. de Romas, voulant s'assurer par lui-même de ce qu'il entendait raconter à ce sujet, la répéta en France, mais avec beaucoup plus d'appareil. » Pour rectifier cette affirmation erronée, Romas adressa au rédacteur du *Journal encyclopédique*, nommé Lutton, une longue lettre, dans laquelle l'histoire de cette question se trouvait soigneusement exposée. Mais, par la mauvaise volonté du journaliste, cette lettre ne parut point dans le recueil auquel elle était adressée.

N'ayant pu obtenir justice de ce côté, Romas, après une attente de plusieurs années, se résolut à faire, d'une autre manière, appel à la publicité. Il travaillait depuis longtemps à un *Mémoire sur les moyens de se garantir de la foudre dans les maisons*. Il livra ce mémoire à l'impression, et mit à la suite sa *Lettre à M. Lutton*, que le journaliste avait refusé d'accueillir, en l'accompagnant de pièces et certificats à l'appui des faits avancés.

Mais toujours poursuivi par la destinée, Romas ne devait point jouir de la satisfaction tardive qu'il espérait retirer de cette publication. Il mourut en 1776, pendant l'impression même de son ouvrage, à l'âge de 70 ans. Son livre, imprimé à Bordeaux, ne parut qu'après sa mort, et grâce au zèle pieux et aux soins de ses amis du château de Clairac[88].

Nous croyons qu'on lira ici, avec intérêt, une partie de cette lettre, qui constitue une pièce historique fondamentale dans la question. Voici donc les principaux passages de cet écrit :

Lettre de M. de Romas, lieutenant assesseur au présidial de Nérac, à l'auteur du Journal encyclopédique, au sujet de l'application du cerf-volant des enfants aux expériences de l'électricité à l'air.

Monsieur,

Depuis quelques semaines seulement je vois le *Journal encyclopédique*. C'est sans doute une perte réelle pour moi d'avoir été privé, pendant si longtemps, d'un ouvrage généralement estimé, et si digne de l'être ; mais il y a apparence que je ne l'aurais pas connu sitôt, si une personne, qui paraît prendre intérêt à ce qui me touche, ne m'eût envoyé le tome du 15 janvier (1768), en m'avertissant qu'il était question de moi dans un second extrait que vous donnez d'un livre qui a pour titre :*l'Histoire de l'état actuel de l'électricité*, par M. Priestley, auteur anglais.

Ainsi prévenu, je m'empressai, comme vous l'imaginez bien, monsieur, à chercher cet extrait : je le trouvai, et j'ai vu qu'il ne s'y agissait presque que des progrès de l'électricité entre les mains de M. Franklin.

En effet, monsieur, après le détail de certaines découvertes, que vous paraissez croire avoir été faites par ce célèbre électricien (détail qu'il est inutile de rappeler ici en entier), vous annoncez, à peu près en ces termes, « que M. Franklin est le premier qui a soupçonné l'identité des éclairs et du fluide électrique ; qu'il a indiqué d'avance le moyen de constater cette identité en proposant d'isoler à l'air libre, en temps d'orage, une aiguille électrisable par communication ; que le premier spectacle électrique que cet instrument ait offert, a paru en France aux yeux de MM. Delor et Dalibard ; que M. Franklin, animé par le succès de ces deux messieurs, éprouva lui-même son aiguille à Philadelphie, où il était alors ; que ce physicien ayant eu aussi un heureux succès, pensa bientôt qu'au moyen d'un cerf-volant, il pourrait se procurer un accès plus sûr et plus facile à la région où s'engendre la foudre ; que l'idée de ce second moyen se trouva juste par l'épreuve qu'il en fit au mois de juin de la même année 1752, dans la campagne de Philadelphie, où il jugea à propos d'opérer sans autre témoin que son fils, pour n'être pas exposé a la risée des sots ; que MM. Delor et Dalibard firent également l'expérience du cerf-volant en Angleterre l'année suivante. »

Enfin, après tant de choses merveilleuses, attribuées à un seul homme, exclusivement à tous autres, M. Priestley insinue que je m'avisai à faire cette même expérience du cerf-volant, parce que j'en avais entendu parler, et le seul avantage dont il a cru devoir m'honorer consiste en ce que j'y ai mis beaucoup plus d'appareil. Du moins est-ce là, monsieur, si je ne m'abuse, tout le sens qu'on puisse donner à cette suite de phrase qui se trouve dans votre second extrait de l'histoire dont il s'agit : « Et M. Romas, voulant s'assurer par lui-même de ce qu'il entendait raconter à ce sujet, la répéta en France, mais avec beaucoup plus d'appareil. »

Comme il est vrai, monsieur, que, dans l'instant où votre journal du 15 janvier 1768 me fut remis, j'ignorais absolument si MM. Delor et Dalibard avaient fait l'expérience du cerf-volant en quelque lieu du monde que ce soit ; que j'ignore même aujourd'hui, non-seulement le jour de leur opération, mais encore s'ils l'ont faite en secret, à l'imitation de M. Franklin, ou en présence de quelque assistant ; que les hommes, ni Dieu même, qui sait tout, ne peuvent me reprocher d'avoir emprunté de personne la plus petite des pièces qui concernent cet instrument ; qu'ainsi je me suis bonnement persuadé en être l'auteur, je projetai de me récrier, au premier jour de loisir, du tort que M. Priestley a tâché de me faire.

… Intéressé à n'être pas jugé de la sorte et à arrêter s'il y a moyen les progrès des jugements semblables, qui peut-être ont été rendus jusqu'à ce moment, je me présente devant le tribunal du public ; j'y cite M. Priestley ; et pour combattre cet historien avec les armes que le droit naturel et celui des gens me permettent d'employer, j'ai l'honneur de vous adresser, monsieur, cette lettre, et comme je ne prétends pas en être cru sur ma parole, j'y joins plusieurs pièces qui justifieront pleinement les faits fondamentaux de mon droit à l'invention du cerf-volant. J'entre en matière, et je dis d'abord, que, si je me plaisais à mortifier ceux qui cherchent à me faire de la peine, il me serait aisé de les confondre d'un seul coup.

Pour cet effet, il me suffirait de demander à M. Priestley d'avoir la complaisance de me montrer le titre où il a trouvé que, dans le temps auquel je fis ma première expérience avec un cerf-volant, j'avais entendu raconter le détail de celle qui, selon lui, a été faite par M. Franklin, à Philadelphie, en l'année 1752, et de celle qui fut faite, l'année suivante, en Angleterre, par MM. Delor et Dalibard. M. Priestley ne pourrait, sans doute, se refuser à me donner cette satisfaction, puisqu'il s'agit là d'un fait qui sert de base à ce qu'il a hasardé au sujet de mon expérience faite en France avec la même machine. Il sait ou doit savoir que tout fait doit être prouvé par celui qui l'a allégué, sans que sa sagacité, son mérite et son crédit puissent l'autoriser à s'écarter d'une telle obligation.

Quoique je fusse en droit, monsieur, de m'en tenir à cette seule formalité, dans laquelle je gagnerais un très-grand avantage, néanmoins, par égard pour M. Priestley, et par surabondance déraison pour moi, je le dispense de la remplir. Je dis par égard pour lui, parce que je suis persuadé que, quand il a avancé le fait contre lequel je réclame, il s'y est porté d'après l'assurance de quelqu'un, à qui il s'est trop facilement fié, et qu'ainsi il s'engagerait, de très-bonne foi, dans des recherches fort laborieuses ; et comme je suis assuré qu'il ne trouverait jamais ses preuves, je suis bien aise de l'arrêter sur le premier pas, afin de lui épargner des peines inutiles, auxquelles succéderaient les réflexions les plus cruelles. J'ai ajouté, par surabondance de raison pour moi, parce que, après m'être montré pour l'auteur du cerf-volant, en ce que je l'ai appliqué aux expériences de l'électricité du tonnerre, ou, pour mieux dire, de l'air, il est de mon honneur d'établir cette prétention, non par des arguments négatifs, mais par des faits positifs. C'est de quoi je vais m'occuper : donnez-moi votre attention.

L'acte qui renferme ma première preuve, monsieur, est une lettre de l'Académie de Bordeaux, qui, quoique datée du 12 de juillet 1752, ne partit d'ici (Nérac) que le lendemain, treizième du même mois. On peut voir dans cette lettre, qu'après avoir rendu compte à cette compagnie des observations que j'avais faites trois jours auparavant avec la barre, ou, si vous l'aimez mieux, l'aiguille de M. Franklin, je dis en finissant : « C'est là, monsieur, ce qu'il y a de plus important, car j'aurais bien d'autres particularités à vous communiquer. Telles sont d'abord les pratiques que j'ai employées pour empêcher les corps électriques de se mouiller, et les barres d'être abattues par les ouragans qui surviennent ordinairement en temps d'orage ; telles sont encore les vues que j'ai pour engager les moins curieux à faire des expériences par les facilités que j'ai à leur indiquer. Mais ma lettre, devenue d'une excessive longueur, m'avertit de finir. Ainsi, je remets à vous parler des deux premières choses concernant la barre, qui m'ont réussi, au temps où l'Académie me fera pressentir qu'elle sera bien aise que je l'en instruise ; et je me réserve de mettre au jour la dernière (quoiqu'elle ne soit qu'un jeu d'enfant), lorsque je me serai assuré de la réussite par l'expérience que je me propose d'en faire, et que je ne négligerai certainement pas. J'ai l'honneur d'être, etc. »

Je n'emploierai pas, monsieur, de longs commentaires pour faire voir que, dès le 12 de juillet 1752, j'avais en vue le cerf-volant, en disant dans ma lettre, que je me persuadais d'engager les moins curieux à faire des expériences sur l'électricité du tonnerre, par les facilités que j'avais à leur indiquer. Cette façon de m'exprimer, jointe à ces derniers termes, mis en parenthèses, quoiqu'elle ne soit qu'un jeu d'enfant, doit déceler cette machine aux yeux de quiconque a été jeune. L'usage qu'on a fait de cette machine, peu de temps après, dans les opérations électriques, devait la déceler à tous ceux qui ne l'auraient pas connue, si on leur eût dit qu'en effet les enfants s'en servaient auparavant pour se divertir.

Si je m'abstiens de toute autre espèce de glose au sujet de cette finale de ma lettre, je crois important, pour éloigner ou étouffer des objections inutiles, de vous faire observer, monsieur :

1° Que la lettre dont je viens de vous donner un fragment n'est point sortie de l'Académie deBordeaux, depuis le 15 de juillet 1752, jour auquel elle fut soumise à cette compagnie ;

2° Qu'elle fut lue dans la séance particulière du 17 du même mois ;

3° Qu'elle fut lue, une seconde fois, dans l'assemblée publique du 25 août suivant ;

4° Qu'en 1756, un journaliste m'ayant paru chercher le moyen de m'enlever, à petit bruit, l'invention du cerf-volant, je demandai à l'Académie, le 7 de mars de la même année, une expédition de la finale de cette lettre ;

5° Que je négligeai de me faire délivrer cette pièce, parce que personne ne se montra pour me disputer cet instrument ;

6° Qu'un particulier s'étant avisé, en 1760, de renouveler la querelle à l'occasion d'une lettre de M. Watson, je demandai de nouveau, au mois de mars 1761, l'expédition dont je viens de parler ;

7° Que cette expédition fut faite enfin le 10 de juillet, ainsi qu'il conste du certificat de M. de Lamontaigne, conseiller au parlement, et secrétaire perpétuel de notre Académie ; certificat dont je joins ici une copie écrite de ma main, pour qu'il vous plaise l'insérer dans votre journal, comme un des actes justificatifs de la présente lettre.

Si, selon ces observations préliminaires, on ne peut soupçonner que j'aie écrit après coup ma lettre du 12 juillet 1752 ; et si, à des yeux qui savent voir, ces termes, *quoiqu'elle ne soit qu'un jeu d'enfant*, dévoilent le mystère du cerf-volant électrique, que je me réservais de mettre au jour, lorsque je me serais assuré de sa réussite par l'expérience : peut-on dire, monsieur, que ce même jour, 12 de juillet, j'avais entendu raconter l'expérience que l'on suppose avoir été faite en Angleterre par MM. Delor et Dalibard en 1753, c'est-à-dire un an après ? On se gardera bien, apparemment, de soutenir aujourd'hui un anachronisme qui choquerait l'homme le moins sensé. Ainsi, il faudra se restreindre à soutenir que M. Franklin fit son expérience dans la campagne de Philadelphie au mois de juin 1752, et que j'en étais instruit dès le 12 de juillet suivant.

Sur ceci j'ai plusieurs réponses à fournir, sans m'écarter de la loi que je me suis imposée. Afin que j'eusse eu cette instruction si promptement, il faudrait supposer que j'eusse été connu de M. Franklin, qu'il eût pour moi une prédilection toute particulière ; qu'entraîné par le penchant de cette prédilection, il se fût hâté de dépêcher vers moi un vaisseau pour m'annoncer la nouvelle de son expérience ; que ce vaisseau n'eût éprouvé, dans son passage, aucun contre-temps ; que cet incomparable voilier, conduit exactement sur la droite route par des vents favorables, forts et constants, eût parcouru plus de douze cents lieues en moins de treize jours.

Oui, monsieur, il faut supposer ces choses ; parce que si l'expérience de M. Franklin a été faite à Philadelphie dans le mois de juin, elle n'a pu avoir lieu que dans les derniers jours de ce mois-là ; c'est ce dont vous serez pleinement convaincu, au moyen d'un fait que vous verrez dans la suite de cette lettre.

En attendant, je suis bien aise de vous observer, monsieur, qu'avant le mois de juin 1752, je n'avais nullement entendu parler de M. Franklin ; et je n'ai pas assez de vanité pour me flatter que dans ce même temps j'eusse l'honneur d'être connu de lui ; d'où il résulte qu'il n'y a nulle vraisemblance à la dépêche de ce vaisseau, qui, encore supposée réelle, serait une chose des plus extraordinaires. Quoi qu'il en soit, monsieur, pour trancher d'un seul coup l'objection, je remarquerai que si, comme il n'est pas permis d'en douter, la première nouvelle de la prétendue expérience du cerf-volant de M. Franklin ne parvint à ses plus intimes correspondants de Londres que dans le mois de janvier 1753, et que cette nouvelle passa en France avec la lettre écrite le 15 du même mois par M. Watson à M. l'abbé Nollet[89], je laisse à penser s'il y a apparence que j'en fusse instruit le 12 de juillet 1752 : je présume que l'esprit le plus subtil qui soit au monde ne saurait se débarrasser de l'argument qui se tire naturellement de cette observation.

Mais, m'objectera-t-on peut-être, ces termes, *quoiqu'elle ne soit qu'un jeu d'enfant*, qu'on lit à la fin de la lettre du 12 de juillet 1752, ne désignent point la machine du cerf-volant d'une manière aussi claire que vous l'avez soutenu. Ainsi, il vous reste de produire des preuves plus certaines de votre prétention au sujet de cette machine.

Comme je n'ignore pas qu'il y a des yeux troubles ou louches, qui voient obscurément ou de travers les objets qui sont reconnus par d'autres très-distinctement, et tels qu'ils sont en effet, je ne dédaigne point de répondre à cette objection. Pour satisfaire tout le monde, je demande si le témoignage de trois personnes, dignes de foi, sera capable de terminer la contestation ? Si ce témoignage est trouvé suffisant, je prie quelqu'un de ceux qui se sont déclarés contre moi de vouloir prendre la peine d'interpeller MM. Dutilh, Bégué, curé d'Asquets, et le chevalier de Vivens, qui est très-connu dans la république des sciences ; et l'on sera bientôt assuré que, par ces termes, *quoiqu'elle ne soit qu'un jeu d'enfant*, j'entendais parler du cerf-volant électrique.

M. Dutilh répondra, que dès le lendemain de ma première expérience qui fut faite le 9 juillet 1752 avec la barre de M. Franklin, ainsi qu'il paraît par ma lettre du 12, je lui confiai, sous le sceau du secret, l'idée que j'avais d'employer le cerf-volant aux expériences de l'électricité du tonnerre ; qu'il se chargea de construire tout de suite cette machine, afin de la mettre à l'épreuve avant que la saison des orages ne fût passée, et que si je ne l'éprouvai point avant l'hiver, ce fut parce qu'il ne trouva point les matériaux dont il avait besoin pour la construire.

M. Bégué dira que je lui confiai le même secret ; qu'à la vérité il ne se ressouvient pas précisément du temps ; mais il affirmera que ce fut cinq à six jours après la première expérience que j'avais faite avec la barre de M. Franklin ; et il ajoutera que si l'on sait le jour de cette première opération, on saura le jour de la confidence[90].

M. le chevalier de Vivens déposera qu'il se rappelle très-bien que je me rendis à Clairac, à la prière de M. de Secondat et à la sienne, vers la mi-août 1752, pour leur faire voir, si l'occasion s'en présentait, l'électrisation de la barre de M. Franklin par le feu du tonnerre ; que le 18 du même mois je dressai cette machine au-dessus du toit du château de Vivens ; qu'elle fut éprouvée avec succès le lendemain ; que l'expérience finie, étant entrés lui et moi dans son cabinet, il me loua beaucoup sur la simplicité que j'avais donnée à la suspension et à l'isolement de la barre ; qu'ayant répondu, comme je le devais, à son compliment, je lui dis que j'avais l'idée d'une machine qui serait beaucoup plus simple, et de laquelle je comptais néanmoins tirer des effets mieux marqués ; qu'enfin je lui parlai du cerf-volant des enfants, tel que je l'ai exécuté et perfectionné depuis.

Voilà, monsieur, à peu près les termes dans lesquels les dépositions de ces trois messieurs seraient conçues, si quelqu'un venait à les interpeller. Mais comme nos adversaires ne voudraient peut-être pas se donner le soin de rassembler ces dépositions, et que par bonheur elles sont consignées dans des lettres qui datent d'assez loin, j'offre de vous en confier les originaux, si vous jugez qu'il soit nécessaire de les faire connaître au public, ou même si vous les désirez, pour votre propre satisfaction.

Incertain de savoir si vous accepterez ces offres, je prends la liberté de vous faire passer, monsieur, des pièces qui y suppléeront. C'est, d'une part, une copie du rapport que MM. Duhamel et Nollet, commissaires nommés par l'Académie royale des sciences de Paris, firent de ces lettres à cette célèbre Compagnie, le 4 de février 1764. C'est, d'une autre part, une copie du jugement qui fut prononcé tout de suite.

Après que j'eus éprouvé mon cerf-volant, je ne restai point oisif ; je méditai beaucoup sur les effets que cette machine avait produits : ces méditations furent les germes de plusieurs idées. Pour vérifier ces idées, je faisais voler le cerf-volant, quoiqu'il n'y eût pas d'orage. J'eus un tel succès, que je le vis électrisé presque en toute circonstance ; c'est-à-dire, soit que le temps fût chaud, froid, serein, nébuleux, pluvieux, ou même neigeux[91]. Content, plus que je ne saurais l'exprimer, de ces différentes épreuves, qui répandent un grand jour sur une partie très-intéressante de la physique, et rempli de reconnaissance envers M. Franklin de ce que, par l'indication de sa barre, il m'avait mis sur la voie d'imaginer le cerf-volant, je lui adressai, le 19 d'octobre 1753, les deux mémoires dont il est fait mention dans le second tome des étrangers, accompagnés d'une de mes lettres. M. Franklin reçut le tout, et m'en accusa la réception par une des siennes, du 29 de juillet 1754.

Ce qui est digne d'être bien remarqué dans cette lettre, c'est que M. Franklin n'y revendique pas l'invention du cerf-volant. C'était pourtant alors le temps où il devait le faire : il dut apercevoir dans ma lettre, et mieux encore dans le premier mémoire, que je prétendais être l'auteur de cet instrument. En effet, j'y disais en ces termes : « J'avais une idée depuis l'année dernière (1752), qui me faisait espérer qu'il me serait aisé d'élever un corps au-dessus de la terre de plus de six cents pieds, sans qu'il m'en coûtât même six francs. J'en parlai fort mystérieusement[92] dans ma lettre à l'Académie de Bordeaux, du 12 juillet de l'année dernière, et après avoir promis à cette compagnie de lui dévoiler mon projet d'abord que je serais assuré qu'il était immanquable, je me contentai de dire en quoi il consistait à M. le chevalier de Vivens et à d'autres personnes qui me font l'honneur de me vouloir du bien[93]. Je suis à présent en état de le produire au jour, ce projet ; il m'a réussi pleinement : je puis même dire au delà de mon attente. Voici en quoi il consiste : ce n'est qu'un jeu d'enfant[94] ; il s'agit de faire un cerf-volant, c'est-à-dire un de ces châssis de papier que les enfants font voler ; plus ce châssis sera grand, plus il pourra s'élever, parce qu'il sera en état de soutenir un plus grand poids de corde. »

En comparant ce trait de mon premier mémoire avec la lettre de M. Franklin, dans laquelle on ne saurait rien trouver d'où l'on puisse induire que ce physicien ait eu seulement la pensée de me disputer l'invention du cerf-volant électrique, la première idée est sans doute qu'il me reconnut alors pour l'auteur de cette machine. Mais si M. Franklin ne me conteste pas cet avantage, M. Priestley, qui a vu aussi ce même mémoire, puisqu'il copie dans son histoire, presque mot pour mot, une partie de mes expériences, a-t-il bonne grâce de chercher à m'enlever celle invention, lorsqu'il dit : « Et M. Romas, voulant s'assurer par lui-même de ce qu'il entendait raconter à ce sujet, la répéta en France, mais avec beaucoup plus d'appareil ? » Il me semble, monsieur, qu'un historien qui dissimule des choses qu'il a eues sous ses yeux, et qui porte la preuve de sa dissimulation, ne mérite pas que « les savants de Paris et de Londres confirment par leurs éloges le jugement que vous avez porté de son ouvrage, lorsque vous l'avez annoncé. »

Par toutes ces preuves, qui sont à la portée de tout le monde, il demeure donc solidement établi que je suis l'auteur du cerf-volant électrique ; j'en avais eu l'idée dès le 12 de juillet 1752 ; et quand bien même il serait constaté (ce qui ne l'est pas) que M. Franklin en avait fait usage dans les derniers jours du mois de juin précédent, cette invention m'appartiendrait : il n'était pas possible que j'eusse entendu parler de son expérience, quoiqu'il ait plu a M. Priestley de le dire, je ne sais guère sur quel fondement. Ce n'est pourtant pas tout, monsieur ; au secours de ces preuves positives vient la possession publique, dans laquelle je n'ai pas cessé d'être de l'invention du cerf-volant, malgré les efforts de quelques contradicteurs.

Pour apercevoir cette possession, il suffit de jeter un regard sur les feuilles hebdomadaires de Paris pour les provinces, du 17 juin 1753, du 1er mai 1754, du 29 septembre 4756 ; sur celles de Toulouse du 12 novembre 1764 ; sur le journal de Trévoux du mois de décembre 1753 ; sur une lettre de M. l'abbé Nollet au père Beccaria ; sur une autre lettre que le même abbé m'a fait l'honneur de m'adresser aussi[95] ; sur la page 295 du tome VI des *Leçons de physique* de ce célèbre académicien ; en un mot, sur plusieurs autres ouvrages que je n'ai pas actuellement en ma disposition, qui supposent ou disent expressément que je suis l'auteur du cerf-volant électrique.

Quoi donc, monsieur ! serait-il possible que M. Priestley n'eût rien vu de tout cela[96] ? C'est ce qu'il serait bien difficile de se persuader. M. Priestley a prétendu que M. Franklin a fait l'expérience du cerf-volant dans la campagne de Philadelphie, au mois de juin 1752.

À ce fait, qui est un des plus importants de la contestation, et qui mérite une attention particulière de ma part, je réponds que si M. Priestley eût donné pour époque un temps plus reculé, par exemple, les trois ou quatre derniers mois de l'année 1752, je ne ferais nulle difficulté de l'en croire, sans autre preuve que celle de sa parole. Mais dès qu'il fixe cette époque au mois de juin, sans parler du jour, je ne sais trop pourquoi, je ne puis me rendre à sa simple allégation, pour deux raisons très-considérables : la première, parce que selon M. Priestley lui-même, quand M. Franklin fit son expérience du cerf-volant, il la fit en secret et sans autre témoin que son fils ; la seconde, parce que M. Franklin ne la fit que lorsqu'il eut été informé du succès que MM. Delor et Dalibard avaient eu en France sur l'aiguille.

La première raison est simple, et néanmoins très-forte. Si M. Franklin a fait l'épreuve de son cerf-volant en secret, et sans autre témoin que son fils, comment pourra-t-il constater son opération ? Des principes sûrs et incontestables nous enseignent que nul n'est témoin dans sa propre cause, et que le fils ne peut l'être dans celle de son père. Il n'en est pas ainsi de moi ; j'ai eu l'idée de mon cerf-volant tout au moins le 12 de juillet 1752. Cette date est consignée dans ma lettre à l'Académie de Bordeaux ; cette lettre est devenue authentique par la lecture qui en a été faite d'abord, dans une séance particulière de cette compagnie ; ensuite dans une séance publique ; et enfin, par le soin que cette même compagnie, établie par autorité du prince, a eu de conserver cette pièce dans ses archives. Ce sont là mes preuves : que les partisans de M. Franklin en montrent de semblables ; ou s'ils ne peuvent pas le faire, qu'ils conviennent de leur tort.

La seconde raison n'est pas moins victorieuse. Suivant l'aveu de M. Priestley, M. Franklin n'a éprouvé son cerf-volant qu'après qu'il a été instruit des succès que MM. Delor et Dalibard, eurent en France sur l'aiguille, et qu'après qu'il eut eu le même succès à Philadelphie sur cet instrument. Au surplus, tout cela était fait avant la fin du mois de juin 1752 : cet aveu engage naturellement à supposer que M. Franklin eut le temps de recevoir ces instructions, et que tout de suite il trouva l'occasion d'opérer ; c'est dans ce temps et dans l'occasion que consiste une difficulté qui a échappé à la prévoyance de l'historien. La première épreuve de l'aiguille fut faite en France à Marly-la-Ville, le 10 mai 1752 : du 10 mai jusqu'au 30 juin inclusivement, il s'est écoulé un mois deux tiers, ou, si l'on veut, cinquante et un jours. De là il s'agit de savoir si cinquante et un jours laissent un temps assez long pour que la nouvelle, supposée partie le plus tôt qu'il était possible de France, parvînt dans l'Amérique septentrionale, et à Philadelphie, avant la fin du mois de juin suivant. Je pense avoir montré ci dessus, en discutant un fait semblable à celui-ci, que cet espace de temps est très-court. Mais s'il a été suffisant (ce que les navigateurs décideront mieux que personne), il faudrait convenir que toutes choses s'étaient portées à favoriser M. Franklin, et qu'au contraire elles avaient toutes conspiré contre moi. Du moins est-il certain, monsieur, que quoique la ville où j'ai mon domicile, ne soit éloignée de Paris que de cent cinquante lieues moyennes, je ne fus instruit de l'expérience de Marly-la-Ville que par la Gazette de France du 27 mai, qui ne fut reçue à Nérac que dans les premiers jours de juin. Il est très-vrai encore que, quelle que fût ma diligence à dresser l'aiguille, je ne pus la mettre à l'épreuve avant le 9 du mois de juillet suivant, par le défaut d'orage.

Je serais en état de vous rapporter, monsieur, d'autres raisons de douter, qui dérivent naturellement de plusieurs faits avancés par

M. Priestley, et qui serviraient à le faire soupçonner de n'avoir pas été bien exact dans son *Histoire de l'électricité*. Mais je me borne, quant à présent, aux observations que je viens de vous exposer, afin de terminer ma lettre par des déclarations qui me paraissent aussi nécessaires pour mes lecteurs que pour moi.

Tout bien considéré, de quoi s'agit-il entre nous deux ? M. Franklin ne me conteste point l'invention du cerf-volant électrique ; la lettre qu'il m'a fait l'honneur de m'écrire, et que j'ai en main, en fait foi. Il est seulement arrivé, au bout de quelque temps, que des personnes sans intérêt se sont fait une fête d'essayer de m'enlever cette machine pour la lui donner. Oh ! sans doute, M. Franklin rejettera avec dédain un présent si honteux ; il est trop riche de son propre fonds pour vouloir l'augmenter en y joignant le bien d'autrui. S'il a cru ci-devant être le premier auteur du cerf-volant (ce que je suis encore à apprendre de sa part), il doit maintenant revenir de cette idée ; il doit voir que mes preuves sont aussi claires que le jour.

Ne croyez pourtant pas, monsieur, que par ces dernières paroles je prétende insinuer que M. Franklin n'a pas eu l'idée du cerf-volant, à peu près en même temps, ou même, si l'on veut, plus tôt que moi. Il se peut que cela soit, il se peut que cela ne soit pas ; je n'en sais rien. Toutefois j'augure que conduit par les mêmes principes qui me conduisaient, il était très-capable d'en tirer, en Amérique, les mêmes conséquences que j'en tirais en Europe.

Mais ce n'est pas là le fond de la contestation ; il se réduit à ceci : on voudrait nous faire accroire que M. Franklin a fait usage du cerf-volant dans le mois de juin 1752. Non-seulement ce fait n'est pas constaté ; il y a plus, c'est qu'il est impossible de jamais y parvenir. Il est convenu par mes adversaires que ce physicien a opéré en secret, et sans autre assistant que son fils, crainte de devenir la risée des sots. Il n'en est pas de même de mon côté ; j'ai allégué que j'avais eu l'idée du cerf-volant dès le 12 de juillet de la même année 1752 ; j'ai établi cette prétention par ma lettre de la même date ; j'ai autorisé cette date par un certificat de l'Académie de Bordeaux, date conséquemment la plus authentiquement fixée. Tel est de part et d'autre l'état de la question. Si à présent, de ce point de vue, on prend garde que les choses cachées ne sont pas du ressort des hommes, et qu'ainsi ils sont astreints à juger par les preuves mises sous leurs yeux, on ne peut s'empêcher de décider en ma faveur.

Après toutes ces explications, que me reste-t-il à vous dire, monsieur ? Rien de plus, que de vous supplier encore, et pour la dernière fois, de vouloir bien insérer la présente lettre dans vos journaux ; d'y ajouter les pièces justificatives que j'y ai jointes, et de faire la publication de tout cela en une ou plusieurs parties, selon votre commodité, et de la manière qui vous plaira le plus.

Je suis avec respect, etc.

De Romas.

Cette lettre rétablit, avec l'accent incontestable de la vérité, les faits volontairement obscurcis par Priestley, pour donner à Franklin une gloire usurpée. Malheureusement comme nous l'avons dit, Romas mourut pendant l'impression de son livre, avant que les documents qu'il renferme eussent opéré dans l'esprit du public le revirement qu'ils devaient occasionner.

L'intrépide physicien de Nérac est donc mort, attristé, à ses derniers moments, par la pensée de l'injustice dont ses contemporains le rendaient victime ; mais il léguait à la postérité les pièces du procès. Grâce à elles, l'impartialité de la critique peut rendre, plus d'un siècle après lui, toute justice à sa mémoire. Ce n'est que par une suite de malentendus, volontaires ou non, que l'on a attribué à Franklin la part du lion dans les expériences sur l'électricité atmosphérique, et accordé à son seul génie la gloire d'avoir tout fait dans ce champ de découvertes, destinées à vivre d'un éternel souvenir. Nous avons rendu au physicien de Philadelphie tous les hommages qui lui reviennent pour sa découverte incontestable de l'analyse de la bouteille de Leyde, et pour celle du pouvoir des pointes. Mais nous avons dû apporter des restrictions à ce qui concerne ses recherches sur l'électricité atmosphérique.

Il importe d'autant plus de fixer équitablement ce point d'histoire, que pour ajouter à la part scientifique du physicien de Philadelphie, il faudrait dépouiller des savants de notre patrie, les Buffon, les Dalibard, les Lemonnier, les Romas, etc., de l'honneur qui leur revient dans les grandes découvertes que nous essayons de raconter.

CHAPITRE VII

SUITE DES RECHERCHES SUR L'ÉLECTRICITÉ ATMOSPHÉRIQUE. — EXPÉRIENCES FAITES EN EUROPE. — BECCARIA. — MUSSCHENBROEK, ETC. — EXPÉRIENCES DE FRANKLIN SUR LA NATURE DE L'ÉLECTRICITÉ DES NUAGES. — CONSTRUCTION DU PARATONNERRE.

Les résultats obtenus avec le cerf-volant électrique, offraient un vaste champ aux expériences des physiciens : la carrière ainsi ouverte, fut promptement remplie.

Parmi les savants qui s'occupèrent en Europe, d'étudier l'électricité atmosphérique à l'aide du cerf-volant, le père Beccaria, religieux des *écoles pies*à Turin, se distingua par le nombre et la variété de ses recherches. Dans un ouvrage publié en 1767, intitulé *Lettere dell' elettricismo*, on trouve résumés les nombreux travaux de ce physicien.

Beccaria fit un grand nombre d'observations sur l'électricité de l'atmosphère, dans les temps d'orage, et lorsque le ciel était serein, soit avec des barres de fer isolées, soit avec des cerfs-volants. En variant ces expériences de différentes manières, il fit plusieurs observations intéressantes. Les cordes de ses cerfs-volants étaient quelquefois garnies, et d'autres fois dépourvues, de fil de fer. Afin que ces cerfs-volants fussent constamment isolés, lorsqu'il leur donnait plus ou moins de corde, il roulait la corde, comme l'avait fait Romas, sur un dévidoir supporté par des pieds de verre[97].

Musschenbroek, en Hollande, étudia aussi l'électricité aérienne, au moyen du cerf-volant. Il observa que les étincelles électriques étaient très-faibles, lorsque l'appareil était près de la terre, et d'autant plus fortes que l'appareil était plus élevé dans les airs.

Le 16 septembre 1756, Musschenbroek se trouvant à Warmond, village près de Leyde, attacha aux deux extrémités d'un fil de fer de cent cinquante pieds de longueur, deux rubans de soie ; et il disposa ce fil à la hauteur de quatre pieds et demi, parallèlement à l'horizon. Il ne découvrit ainsi aucun signe d'électricité. Il plaça ensuite le même fil de fer, toujours isolé par ses deux rubans, verticalement, le long d'une tour. Ce conducteur métallique ne donna encore aucun signe d'électricité. On en obtint, au contraire, par le moyen d'un cerf-volant qui fut porté très-haut dans l'air ; ce qui prouvait qu'il existait du fluide électrique libre dans les régions élevées de l'air, tandis que la partie de l'atmosphère située plus près du sol, n'en renfermait point.

Quand le cerf-volant fut à sept cents pieds de hauteur environ, on tira d'une clef qu'on avait attachée à l'extrémité inférieure du fil de fer qui le retenait, des étincelles très-fortes, qui excitaient une commotion dans toute la longueur du bras. En approchant la main du fil de fer, on éprouvait comme la sensation d'une toile d'araignée.

Le 14 juillet 1757, Musschenbroek fit dans les faubourgs de Noordwick, avec le baron Van der Does, les mêmes observations. Le cerf-volant était attaché, non à une corde, mais à un fil de fer très-mince, qui se roulait, à l'aide d'une manivelle, sur un tambour de bois, de sorte qu'on pouvait l'allonger à volonté. L'extrémité inférieure de ce fil de fer était attachée à un ruban de soie. Ces savants se trouvaient sur le bord de la mer lorsqu'ils élevèrent leur cerf-volant ; le ciel était un peu nébuleux, et le vent d'est soufflait légèrement. Aucun signe d'électricité n'apparut tant que l'appareil fut peu éloigné de la terre. Quand il se fut élevé à cent pieds, on commença à apercevoir une faible électricité et à tirer de petites étincelles.

Nos expérimentateurs résolurent alors de se transporter au sommet des plus hautes montagnes sablonneuses de Noordwick. Arrivés là, ils lancèrent de nouveau le cerf-volant, qui se chargea d'une grande quantité de matière électrique ; de sorte qu'en très-peu de temps, on tira avec une clef, d'un tube de fer communiquant à la chaîne attachée au cordon de soie, que l'on tenait à la main, de très-fortes étincelles qui partaient avec bruit et qui répandaient autour d'elles une odeur sulfureuse[98].

« Le 20 juillet 1757, dit encore Musschenbroek, un violent orage s'étant élevé sur les sept heures du soir, je lançai en l'air un cerf-volant ; le fil de fer donna alors des explosions très-promptes et très-fortes ; quelquefois elles partirent avec l'éclair, mais elles cessaient lorsque le tonnerre grondait ; ces étincelles se succédaient avec une très-grande rapidité, et produisaient des éclats qui pouvaient être entendus de très-loin. Ayant approché de la tête d'un chien, d'un bouc, d'un jeune taureau le fil de fer, ces animaux furent frappés si violemment, qu'ils prirent aussitôt la fuite, et qu'ils ne voulurent jamais souffrir qu'on les exposât à la même tentative. Nous fîmes une chaîne, en nous donnant la main ; un de ceux qui faisaient partie de la chaîne, ayant touché au fil de fer, nous fûmes tous aussitôt frappés[99]. »

Il est inutile d'ajouter que l'on n'obtenait pas toujours des signes d'électricité, bien que le cerf-volant fût élevé jusqu'à six cents pieds. C'est ce qu'éprouva Musschenbroek, au mois d'août 1757, même par un vent du nord qui était modéré, et avec un ciel couvert de nuages.

Le prince de Gallitzin, secondé par le physicien Dentan, continua, à La Haye, les expériences de Musschenbroek au moyen du cerf-volant. Exécutées depuis l'année 1770 jusqu'à l'année 1778, elles furent communiquées par le prince de Gallitzin à l'Académie des sciences de Saint-Pétersbourg[100]. Dans ces expériences, on obtint constamment de l'électricité à l'aide du cerf-volant. On parvint souvent à charger des batteries de bouteilles de Leyde avec l'électricité des nuages. Quant à la nature, positive ou négative, de l'électricité, on constata qu'elle variait sans cesse. Il sembla néanmoins que l'électricité se montrait positive dans les temps calmes, et négative au commencement des orages.

À Amsterdam, Van Swinden, professeur de physique, tira des étincelles électriques de son cerf-volant, non-seulement en temps d'orage, mais encore par un temps serein.

En France, l'abbé Bertholon, professeur de physique dans le Languedoc, fit plusieurs expériences du même genre. En 1776, il présenta à l'Académie des sciences de Paris un mémoire contenant le récit des expériences qu'il avait faites, de concert avec Baume, Fontana et plusieurs autres membres de l'Académie, en faisant usage du cerf-volant électrique construit par le duc de Chaulnes, grand amateur d'électricité.

En Amérique, Kinnersley, le collaborateur de Franklin, éleva aussi des cerfs-volants électriques ; mais ses expériences furent exécutées avec bien moins de soin que celles de Beccaria et de Musschenbroek[101].

Quant à Franklin, il ne se livra à aucune recherche sur l'électricité de l'air avec les cerfs-volants électriques, et l'on ne voit pas qu'après sa célèbre expérience il ait, à l'exemple des autres physiciens, poursuivi le moins du monde, cette carrière d'études. Pour constater la nature de l'électricité qui existe habituellement dans l'atmosphère, il se contenta, après son essai sur le cerf-volant, raconté plus haut, d'élever sur sa maison, une barre de fer pointue qu'il isolait à volonté, et qu'il avait munie d'un carillon électrique, afin d'être averti de la présence de l'électricité dans ce conducteur.

Franklin se proposait, comme tous les expérimentateurs de l'Europe, de reconnaître si l'électricité des nuages était positive ou négative, et si l'un de ces états était constant. Cette détermination avait pour lui un intérêt particulier, parce que, d'après sa théorie générale sur l'électrisation en plus ou en moins, dont nous avons déjà parlé, et qu'il opposait à la théorie de Dufay, si l'électricité des nuages orageux avait été négative, il aurait fallu en conclure que la foudre s'élançait de la terre vers les nuages et non du ciel sur la terre, c'est-à-dire que la foudre était toujours *ascendante* au lieu d'être *descendante* ou *ascendante*, selon le cas.

Pour résoudre la question de la nature de l'électricité des nuages, Franklin prit deux bouteilles de Leyde ; il en chargea une avec une machine électrique donnant de l'électricité positive, de telle sorte que, sur la surface extérieure de la bouteille il existait, suivant l'effet bien connu qui se passe dans cet appareil, de l'électricité positive. À l'aide d'un conducteur, il fit ensuite communiquer laseconde bouteille de Leyde avec la barre de fer pointue qui se trouvait élevée sur le faîte de sa maison ; de telle sorte que cette bouteille se chargeait spontanément de l'électricité dérobée aux nuages. Il plaça ensuite entre les deux bouteilles, et à trois ou quatre pouces de distance, une petite balle de liège suspendue par un fil de soie. Si l'électricité envoyée par les nuages était positive comme celle qui avait servi à charger l'une des bouteilles, la petite balle de liège devait être successivement attirée par la garniture extérieure de l'une des deux bouteilles et repoussée par l'autre. Si les électricités étaient différentes dans les deux bouteilles, la balle de liège devait être attirée successivement par chacune des bouteilles, et voyager ainsi continuellement de l'une à l'autre.

Cette expérience, et quelques autres que Franklin essaya dans la même vue, ne donnèrent jamais des résultats constants. L'électricité des nuages était tantôt positive, tantôt négative, et même négative le plus souvent, ce qui n'était pas conforme à sa théorie.

Franklin ne poursuivit pas longtemps ces tentatives sur l'électricité météorique, sujet obscur, d'une complication extrême, et qui n'est encore aujourd'hui qu'imparfaitement élucidé. La tournure positive de son esprit ne lui permettait pas de continuer des recherches dont il n'entrevoyait pas de conséquence utile. Aussi, renonçant à cette question, il donna tous ses soins à réaliser, pour la pratique, l'idée du paratonnerre, qui, mise en avant, par lui, en 1752, à titre de simple hypothèse, était devenue l'origine et le point de départ de toutes les découvertes des physiciens sur l'électricité météorique.

C'est en 1760 que Franklin fit construire le premier paratonnerre ; cet instrument ne différait que fort peu de celui que nous employons aujourd'hui.

Le premier paratonnerre fut élevé par Franklin sur la maison d'un marchand de Philadelphie, nommé West. Il se composait d'une baguette de fer de neuf pieds et demi de long et de plus d'un demi-pouce de diamètre, et qui allait en s'amincissant vers sa partie supérieure. De l'extrémité inférieure de cette tige métallique partait une seconde tige de fer, plus mince, de dix pouces de long, et d'une épaisseur d'un quart de pouce, dont la partie inférieure était mise en rapport avec un long conducteur de fer descendant jusqu'au sol, où il pénétrait à une profondeur de quatre ou cinq pieds.

C'est une circonstance bien remarquable, qu'à peine installé, comme pour prouver la valeur de cet instrument, le paratonnerre fut atteint par le feu du ciel. Après le coup de foudre, M. West trouva fondue la pointe du paratonnerre ; la tige de dix pouces qui le joignait au conducteur était réduite à sept pouces et demi de longueur.

À partir de ce moment, l'admirable invention du physicien d'Amérique était accomplie : le paratonnerre était créé. Il nous reste à dire comment cette découverte fut acceptée dans notre hémisphère.

Fig. 275. — Le premier paratonnerre établi par Franklin à Philadelphie, sur la maison de Benjamin West, est frappé par le feu du ciel.

CHAPITRE VIII

ACCUEIL FAIT EN EUROPE À L'INVENTION DU PARATONNERRE. — GEORGE III ET FRANKLIN : LES PARATONNERRES EN BOULE. — OPPOSITION DE L'ABBÉ NOLLET EN FRANCE. — LIVRE DE L'ABBÉ PONCELET. — RÉPUGNANCE DES FRANÇAIS À ADOPTER LE PARATONNERRE. — AFFAIRE DE SAINT-OMER, M. DE VISSERY. — ROBESPIERRE. — LE PARATONNERRE À GENÈVE. — ADOPTION DÉFINITIVE DU PARATONNERRE EN FRANCE, EN ANGLETERRE ET DANS LE RESTE DE L'EUROPE.

Un accueil assez singulier attendait, en Europe, l'invention du paratonnerre. L'admiration qu'elle y excita, chez quelques esprits éclairés, ne fut pas sans un mélange de résistances sérieuses, surtout à l'époque de son premier établissement. L'Angleterre et la France se signalèrent par une opposition marquée à la découverte du philosophe américain ; mais les causes de cette opposition ne furent pas les mêmes chez les deux nations.

En Angleterre, ce fut une cause politique qui éleva des obstacles à la propagation des paratonnerres ; en France, les motifs furent purement scientifiques.

À l'époque où l'établissement du paratonnerre fut proposé comme conséquence et application pratique des travaux de Franklin, une guerre acharnée existait entre l'Angleterre et ses colonies d'Amérique, qui combattaient avec gloire, pour conquérir leur indépendance, et briser le joug de la tyrannie britannique. Le roi d'Angleterre, George III, avait inutilement épuisé toutes les forces de ses États, et fait couler des torrents de sang, pour retenir un pouvoir qui échappait à ses mains. Ni les trésors du royaume prodigués pendant une longue suite d'années, ni des milliers de marins et de soldats sacrifiés à la défense d'une cause injuste, ne purent faire obstacle à l'accomplissement d'un acte arrêté dans les desseins de la Providence, et empêcher un peuple nouveau et plein de loyales ardeurs, de conquérir sa liberté sur les champs de bataille.

Quand tout espoir de réussite fut perdu à la cour d'Angleterre ; quand il fallut se résoudre enfin à voir une nation s'élever, puissante et libre, loin des entraves de la métropole européenne, l'esprit haineux et vindicatif de George III passa des champs de bataille et des conseils diplomatiques dans le domaine des sciences, asile si étranger, par sa nature, aux contestations entre les peuples et les rois. Pendant la longue et mémorable lutte soutenue par les colonies insurgées, Franklin avait été l'agent utile, le représentant fidèle, le conseiller, toujours bien inspiré, du peuple américain. Il était impossible qu'une découverte scientifique due à un adversaire politique de l'Angleterre fût accueillie favorablement chez cette dernière nation.

Il était pourtant difficile, à moins de nier l'évidence, de contester l'utilité des paratonnerres pour défendre la vie des hommes, et préserver les édifices menacés par le feu du ciel. Ne pouvant s'en prendre au fond même de la matière, on s'attaqua à la forme. Selon Franklin, les paratonnerres devaient être terminés en pointe, et en une pointe très-aiguë. Sous l'inspiration de la cour d'Angleterre,

Wilson, et avec lui, la plupart des savants de ce pays, décidèrent que Franklin avait tort, que les paratonnerres à tige pointue étaient les plus dangereux des appareils, et qu'au lieu de les terminer en pointe, il fallait les munir à leur extrémité, d'une boule ou d'un globe. Les *paratonnerres en boule* furent donc déclarés les seuls efficaces, et les recueils scientifiques anglais s'enrichirent de plusieurs mémoires où ce point était compendieusement établi.

Afin que personne n'en ignorât, le roi George avait même fait élever sur son propre palais, plusieurs paratonnerres en boule, et l'amour-propre national se trouva ainsi comme engagé à soutenir une thèse scientifique placée sous l'égide du roi.

La discussion entre les physiciens anglais et ceux du reste de l'Europe, au sujet des paratonnerres en boule, se prolongea longtemps. Il fallut, pour la terminer, que le physicien piémontais Beccaria fît sur ce point des expériences spéciales. Élevant, à peu de distance l'un de l'autre, deux paratonnerres, l'un en pointe et l'autre en boule, munis chacun de leur conducteur, Beccaria démontra que, sous l'influence de la même électricité aérienne, le conducteur du paratonnerre à tige pointue donnait des étincelles quand on pratiquait, d'une manière convenable, une légère solution dans sa continuité ; tandis que, disposé de la même manière, le paratonnerre en boule ne donnait que de très-faibles manifestations électriques.

À partir de ce moment, il ne fut plus question des paratonnerres en boule.

Ainsi se termina ce singulier procès, dans lequel le roi George III avait pris, en haine de Franklin, une part active, et où les savants anglais avaient plaidé avec une ardeur digne d'une meilleure cause. Le souvenir de cette dispute ridicule et des productions scientifiques auxquelles elle a donné lieu, mérite d'être conservé, afin de rappeler tout ce que perd la science en considération et en honneur, quand elle s'abaisse à flatter les mesquines passions et les rancunes des princes.

L'opposition, toute scientifique, que le paratonnerre rencontra en France, partit de l'abbé Nollet. Ce physicien étant alors à Paris l'oracle de l'électricité, on dut accorder une grande attention à ses critiques, qui n'avaient pourtant d'autre mobile qu'une vanité d'auteur.

L'abbé Nollet fut pendant toute sa carrière le rival déclaré de Franklin, et ce n'est pas sans motifs qu'il avait pris cette attitude. S'étant occupé dans presque tout le cours de sa vie, à faire des expériences sur les phénomènes électriques, ou à répéter celles des autres physiciens, l'abbé Nollet n'avait réussi à attacher son nom à aucune découverte importante. Seulement, il avait conçu et exposé une théorie générale de l'électricité, qu'il croyait destinée à remplacer celle de Dufay : c'est la théorie des *affluences et effluences simultanées*, que l'on trouve invoquée à chaque instant dans ses nombreux écrits, et par laquelle il prétendait expliquer l'ensemble des phénomènes électriques plus simplement que par la théorie des deux fluides imaginée par Dufay.

Fille des systèmes cartésiens, issue des mêmes principes qui avaient donné à l'ancienne physique, *la matière subtile*, les *petits corps*, les *atomes* et les *pores invisibles*, cette théorie n'était qu'une tardive évocation du passé. Imaginée avant la découverte des phénomènes les plus importants de l'électricité, elle devait tomber en ruines en présence des faits nouveaux dont la science ne tarda pas à s'enrichir[102].

Tandis que l'abbé Nollet avait consumé toute sa carrière sans avoir produit une seule de ces découvertes qui perpétuent le nom d'un savant, Franklin, qui n'avait accordé à la physique que quelques années, dérobées à l'activité des affaires publiques, avait su s'attirer une réputation immense. Il avait donné l'analyse des effets de la bouteille de Leyde, que personne en Europe n'avait su expliquer avant lui, et provoqué par la publication de ses *Lettres*, la découverte de l'électricité atmosphérique. Il avait, en même temps, émis une théorie générale pour l'explication des phénomènes électriques, théorie d'une simplicité séduisante, et qui était le contre-pied de celle de l'abbé Nollet. Par toutes ces causes, et par un sentiment qu'explique la faiblesse humaine, notre physicien devait donc éprouver peu de sympathie pour la personne et pour les idées de l'électricien du Nouveau-Monde.

En exposant ici les motifs qui nous semblent devoir rendre compte de l'hostilité de l'abbé Nollet contre son rival d'Amérique, nous ne voudrions pas paraître injuste envers un savant, honorable à beaucoup d'égards, et qui a rendu à la science de l'électricité d'éminents services par sa constante ardeur à la propager. L'honnête professeur du collège de Navarre est digne de la sympathie et des respects de la postérité, comme il mérita, de son vivant, l'estime et la considération publiques. Né à Pimprèz, village des environs de Noyon, Antoine Nollet était le fils de pauvres paysans qui subvenaient, par le travail de leurs mains, aux besoins de la famille. Il avait manifesté de bonne heure, d'heureuses dispositions pour l'étude, et sa mère envisageait avec peine l'idée de le voir traîner, comme elle, une existence pénible dans les durs travaux de la campagne. Elle aspirait au bonheur de voir son fils embrasser une carrière libérale, et s'élever dans les voies de la religion, ou dans celles de la science.

Un soir, le curé de Pimprèz fut appelé au conseil de la famille ; et le départ du jeune Antoine fut résolu. Les bons paysans s'imposèrent les sacrifices nécessaires pour entretenir leur fils, dans leur province, au collège de Clermont, et plus tard à celui de Beauvais. Là, les dispositions naturelles du jeune homme se montrèrent dans tout leur jour, et souvent le directeur de la maison de Beauvais félicitait les pauvres laboureurs de Pimprèz des grandes qualités qu'il remarquait dans leur fils, et de la détermination qu'ils n'avaient pas craint d'adopter à son égard.

Au sortir des études classiques, le jeune Nollet fut envoyé à Paris. C'était là un grand effort pour de pauvres paysans, qui, tout en se condamnant aux privations les plus dures, pour maintenir leur fils dans la capitale, étaient loin encore de pouvoir suffire à une telle charge. Mais on comptait sur la Providence, qui vient en aide aux cœurs dévoués.

Elle ne fit pas défaut à tant de confiance. Un greffier de l'Hôtel-de-ville, nommé Taitbout, frappé de la régularité de mœurs et des connaissances variées du jeune Nollet, le prit pour précepteur de ses enfants. Dès lors tous ses désirs se trouvèrent satisfaits. Il put, grâce aux fruits de son travail, adoucir, pour ses vieux parents, les rigueurs de la vie, et reconnaître les sacrifices qu'ils s'étaient imposés pour lui. En même temps, dans l'intervalle que lui laissaient les soins de l'éducation des fils du greffier, il continuait ses propres études, et suivait, comme élève de philosophie, les leçons de la Faculté des arts. Son goût pour la physique et la mécanique se développa alors librement.

À cette époque de sa vie, Nollet prit la résolution d'entrer dans les ordres. La simplicité de ses goûts, la sévérité de ses principes, son application au travail, parurent à ses protecteurs comme une marque de vocation pour l'état ecclésiastique. Nollet aborda donc une carrière qu'il devait abandonner bientôt. Il s'appliqua aux études sacrées, dans la Faculté de théologie, qu'il fréquentait en même temps que celle des arts. Il reçut le diaconat en 1728 ; mais il ne devait pas aller jusqu'à l'ordination.

En même temps qu'il recevait de l'Église le titre de diacre, il obtenait, de la Faculté des arts, celui de licencié, et c'est dans la carrière des sciences qu'une vocation décidée le tint fixé jusqu'à la fin de sa vie. Il conserva toujours le titre et le costume d'abbé, mais il n'exerça aucune fonction du sacerdoce.

À partir de ce moment, Nollet, entièrement voué à la culture des sciences, et promptement distingué par les physiciens de la capitale, s'attacha successivement à Réaumur et à Dufay. Avec Réaumur, il travailla aux études thermométriques qui ont immortalisé le nom de ce physicien. Il s'adonna, avec Dufay, aux expériences sur l'électricité, sujet alors tout nouveau, et qui, fixant définitivement ses goûts, l'occupa jusqu'à la fin de ses jours.

Sans entrer ici dans d'autres détails sur la carrière scientifique de Nollet, nous dirons qu'il ouvrit le premier en France, des cours publics de physique. Secondé par l'Université de Paris, qui commençait à comprendre l'intérêt que devaient trouver le public et la génération nouvelle à la diffusion des sciences, il obtint de Louis XV l'autorisation d'organiser un cours de physique expérimentale, dont la chaire lui fut accordée. Ce cours public de physique, le premier qui ait eu lieu dans la capitale, fut inauguré, en 1735, au collège de Navarre. Ce collège, qui appartenait à l'Université de Paris, avait été établi en 1304, par Jeanne de Navarre, femme de Philippe le Bel, pour recevoir gratuitement de pauvres écoliers. Les princes et les grands seigneurs y mirent plus tard leurs enfants. Il était situé rue de la Montagne Sainte-Geneviève.

Le programme des leçons de l'abbé Nollet, qui fut bientôt publié par lui, servit de modèle à divers enseignements analogues qui furent établis ensuite dans les principales villes de la France.

Fig. 276 — L'abbé Nollet

L'affluence était si grande au cours de l'abbé Nollet, que, dès les premières leçons, l'évêque de Laon, supérieur du collège de Navarre, dut demander au roi l'autorisation de faire préparer un local nouveau, pour suffire au nombre, toujours croissant, d'auditeurs. Bientôt un magnifique amphithéâtre fut construit. On y ménagea une tribune pour le roi, les princes et les personnages de distinction, attirés à ce cours par la renommée du professeur[103].

En 1739, Nollet entra à l'Académie des sciences, comme membre adjoint. Buffon, que ses collègues jugeaient « digne de s'asseoir dans l'Académie, à toutes les places, » avait quitté celle de membre adjoint mécanicien pour celle d'adjoint botaniste. Nollet fut choisi pour lui succéder. Trois ans après, la mort de l'abbé de Molières laissa vacante une place d'associé, qui fut donnée à Nollet. Enfin, il remplaça plus tard, en qualité de pensionnaire, Réaumur, son maître et son ami.

Sur la renommée de ses leçons publiques du collège de Navarre, Nollet fut appelé par le roi en 1744, pour faire un cours de physique expérimentale, en présence du Dauphin (père de Louis XVI). Ce prince en fut tellement satisfait que, l'année suivante, il demanda à l'abbé Nollet un second cours, qui fut professé devant la Dauphine, infante d'Espagne.

Plusieurs années auparavant, Nollet avait été appelé, dans le même but, par le duc de Savoie. Il consacra six mois à répéter, à Turin, son cours de physique du collège de Navarre, en présence du roi de Sardaigne, qui, nous dit-il, « lui adressa les remercîments les plus flatteurs, et fit placer à l'Université tous les instruments qu'il avait emportés avec lui, afin que les professeurs pussent essayer de s'en servir dans la suite, comme il l'avait fait, et enseigner avec leur secours la physique, par voie d'expérience. »

Le bon Nollet conserva dans la cour des souverains, les mêmes qualités de droiture, de sérénité et de douceur qui lui avaient concilié tous les cœurs dans le cercle de ses relations ordinaires.

Fig. 277. — Cours de physique de l'abbé Nollet au collège de Navarre, en 1754.

Il savait pourtant maintenir dans l'occasion les prérogatives et la dignité des sciences. Le Dauphin l'avait engagé à faire sa cour à un homme en place, dont la protection pouvait lui être utile. Nollet fait une visite au grand seigneur et lui présente ses œuvres imprimées.

Mais ce protecteur l'accueille très-froidement, et en recevant les livres du physicien :

« Je ne lis jamais, lui dît-il, ces sortes d'ouvrages. »

Nollet releva la tête :

« Permettez-moi, monsieur, dit-il, de laisser ces livres dans votre antichambre. Il s'y trouvera peut-être des gens d'esprit qui, en attendant l'honneur de vous parler, les liront avec profit. »

Nous sommes entré dans ces détails au sujet de l'abbé Nollet, pour faire comprendre quelle légitime autorité il exerçait en France, et de quel poids devait être son opinion auprès des savants. Le public français fut naturellement porté à juger avec défaveur les travaux de Franklin, en présence de l'opposition qui leur était faite par Nollet, que l'on s'était accoutumé, depuis vingt ans, à regarder, pour employer une expression devenue vulgaire, comme le prince de l'électricité. Mais ici, l'abbé Nollet était fâcheusement égaré par ses préventions contre un rival, qui n'avait eu que le tort de réussir là où tant d'autres avaient échoué.

Lorsque parut la traduction des *Lettres* de Franklin, qui contenaient l'exposé des découvertes du physicien de Philadelphie et sa théorie du fluide unique, Nollet se refusa d'abord à croire qu'une telle production arrivât d'Amérique. Il prétendait que cette théorie avait été fabriquée à Paris même, par ses ennemis, pour être opposée à son système. Ayant ensuite acquis la certitude qu'il existait bien réellement à Philadelphie, une personne du nom de Benjamin Franklin, et que les expériences décrites n'avaient pas été imaginées à plaisir, il se mit en devoir de les réfuter.

C'est principalement dans ses *Lettres sur l'électricité* que Nollet a attaqué les idées de son rival[104]. C'est là qu'il nie formellement l'utilité du paratonnerre.

L'opposition de Nollet est d'autant plus difficile à expliquer, que ce physicien, comme nous avons eu soin de le faire remarquer, avait, l'un des premiers en France, soupçonné l'origine électrique du tonnerre, et exposé cette analogie sous la forme d'une probabilité séduisante, dans un passage que nous avons rapporté en son lieu[105]. Il est bien surprenant, d'après cela, que Nollet élève des objections contre un résultat qui ne fait que confirmer ses propres vues, qu'il n'ait que des paroles de blâme pour les principes du physicien de Philadelphie, et qu'au lieu d'applaudir à la découverte du paratonnerre, il appelle cette invention admirable « le petit écart de M. Franklin ».

La septième des *Lettres de l'abbé Nollet sur l'électricité*, adressée à Franklin, a pour sujet l'analogie du tonnerre avec l'électricité. Nous en citerons quelques passages qui feront bien connaître les sentiments de cet écrivain sur le sujet dont nous parlons.

Nollet entre en matière en rappelant doucereusement que Franklin n'est point l'auteur des expériences où l'on a constaté pour la première fois la présence de l'électricité dans l'air : ces expériences, que Franklin s'est borné à proposer, ont été exécutées, non par lui, mais « par de courageux prosélytes ».

« Si le commerce de nouvelles que vous entretenez entre Philadelphie et Londres, par les feuilles périodiques dont on dit que vous êtes auteur, vous a mis à portée d'entendre parler des découvertes physiques qui ont été publiées par les gazettes, et nommément par celle de France du 27 mai 1752, vous aurez été sans doute bien satisfait d'y trouver le succès d'une expérience à laquelle vous avez la gloire d'avoir pensé le premier, mais dont l'exécution était réservée à MM. Dalibard et Delor, tous deux zélés partisans de votre doctrine. Plus touchés du merveilleux pouvoir que vous attribuez aux pointes, que des raisons qui pouvaient s'opposer à l'application importante que vous proposiez d'en faire, ces courageux prosélytes ont eu, heureusement pour la physique, assez de confiance pour tenter cette épreuve, que vous n'aviez fait qu'indiquer. Je dis heureusement pour la physique, car quoiqu'on ne tire pas de cette belle expérience l'avantage dont on s'était flatté en la faisant dans vos vues, il en résulte toujours, soit immédiatement, soit par occasion, des connaissances d'un grand prix, et selon moi, le fait de *Marly-la-Ville*, comme celui de Leyde, doit faire époque dans l'histoire de l'électricité[106]. »

Nollet rappelle ensuite que l'idée de l'analogie de l'électricité et du tonnerre avait été exposée par lui en termes assez formels, dès l'année 1748, dans ses *Leçons de physique expérimentale*. Il continue en ces termes :

« Je suis extrêmement flatté, Monsieur, de pouvoir vous prouver par ce passage que je viens de citer, le parfait accord qui se trouve entre vos pensées et les miennes, sur l'identité de la matière électrique avec celle du tonnerre. J'espère que quand cette conformité d'opinions vous sera connue, comme elle l'est en France, vous n'approuverez pas que votre éditeur français ait affecté de vous en faire honneur, sans faire mention des physiciens de son pays qui peuvent y avoir part ; et sans me prévaloir en aucune façon de mon antériorité de date, je serai très-content de pouvoir seulement partager avec vous et avec les auteurs qui ont pensé comme nous, l'honneur que l'expérience vient de faire à nos conjectures, en les faisant passer au rang des vérités prouvées.

« Oui, je ne crains pas de le dire, les pointes de fer électrisées en plein air dans les temps d'orage, et toutes les épreuves de ce genre qui ont été faites depuis, et qui se font encore tous les jours, nous montrent incontestablement que le tonnerre est un phénomène électrique ; que la matière de ce météore est la même que nous voyons briller autour de nos tubes, de nos globes, de nos barres de fer ; et que tous ces jeux philosophiques dont nous nous occupons, nous, depuis tant d'années dans nos cabinets, sont de petites imitations ou plutôt des portions de ces feux redoutables qui enflamment l'atmosphère et des foudres qui menacent nos têtes. »

Il semble, d'après cela, que Nollet, heureux de cette découverte qui dévoile, en effet, l'une des lois les plus importantes de la nature, va se rallier à l'opinion de Franklin, et reconnaître, avec lui, qu'une pointe élevée vers les nuages orageux, donnant à la masse d'électricité contenue dans le sol un écoulement facile et constant, permet d'aller neutraliser, au sein du nuage, le fluide électrique. Loin de là ! Nollet admet la présence de l'électricité dans les nuées orageuses, et la nature électrique de la foudre ; mais il nie, d'une manière absolue, que le paratonnerre ait la puissance d'agir sur ces masses électrisées. Il reproduit ici le sentiment, et presque les paroles du vulgaire, qui ne peut comprendre que de simples pointes élevées en l'air, aient la vertu de conjurer les orages. Il voit une trop grande disproportion entre l'effet et la cause, et, tout physicien qu'il est, il raisonne comme les ignorants, en répondant que, si les paratonnerres sont utiles, les clochers, les arbres, et tout corps pointu qui est dressé en l'air, doivent exercer une action analogue :

« L'expérience de Marly-la-Ville, dit-il, apprend donc à notre siècle, et à ceux qui le suivront, que le tonnerre et l'électricité sont deux effets qui procèdent du même principe, puisque le fer isolé et exposé en plein air, lorsqu'il tonne, devient par là en état de représenter tous les phénomènes qu'il a coutume de faire voir, lorsque nous l'électrisons par le moyen des verres frottés. Mais croyez-vous, Monsieur, que ce fait mémorable signifie autre chose ? Êtes-vous bien sérieusement persuadé que *le tonnerre soit maintenant au pouvoir des hommes*, comme on nous l'assure, que *nous puissions le dissiper à volonté*, et qu'une verge de fer pointue, telle que vous nous l'avez indiquée, telle qu'on l'a employée, *suffise pour décharger entièrement de tout son feu* la nuée orageuse vis-à-vis de laquelle on la dresse ? Pour moi, je vous l'avoue sans façon, je n'en crois rien : premièrement parce que je vois une trop grande disproportion entre l'effet et la cause ; secondement parce que le principe sur lequel on s'appuie pour nous le faire croire, ne me paraît pas solidement établi.

« En effet, quelle apparence y a-t-il que la matière fulminante, contenue dans un nuage capable de couvrir une grande ville, se filtre dans l'espace de quelques minutes, par une aiguille grosse comme le doigt, ou par un fil de métal qui servirait à la prolonger ! À quiconque aurait assez de crédulité pour se prêter à une pareille idée, ne pourrait-on pas proposer aussi d'ajuster de petits tubes le long des torrents pour prévenir les désordres de l'inondation ? S'il ne fallait que des corps pointus et éminents pour nous garantir des coups de tonnerre, les flèches des clochers ne suffiraient-elles pas pour nous procurer cet avantage ? Car, outre que la plupart ont une croix dont les bras sont presque toujours terminés en pointe, ce que l'on met au bout est si peu de chose, par rapport à la grandeur des objets, que ces édifices sont plus pointus vis-à-vis d'un nuage, qu'une aiguille à coudre ne peut l'être à l'égard d'une barre de fer électrisée. Cependant on sait de tout temps que la foudre ne les respecte guère, non plus que la cime la plus aiguë des montagnes, *feriunt... summos fulmina montes.* »

Cette objection de Nollet est sans aucun fondement. Les clochers, les arbres et les toits pointus, ne peuvent fonctionner comme paratonnerres, parce qu'ils ne sont pas pourvus de conducteurs métalliques, pouvant donner passage à l'électricité empruntée au sol. Ils ne peuvent agir, au contraire, qu'en attirant la foudre, et l'expérience prouve bien, en effet, que le tonnerre frappe de

Louis Figuier

préférence les corps pointus dressés en l'air.

Nollet commence alors à discuter l'action protectrice du paratonnerre. Il prétend qu'il est indifférent de le munir ou non d'une pointe ; qu'une barre de fer coupée carrément agirait de la même manière, et qu'on peut, à volonté, lui assigner une position horizontale ou verticale.

« Mais si, dit-il, malgré ces raisons, la pointe électrisée le 10 mai à Marly-la-Ville, a pu autoriser et confirmer en quelque façon les esprits prévenus, dans l'espérance trop flatteuse qu'ils avaient conçue de soutirer le feu du tonnerre jusqu'à l'épuiser, ce qui se passa peu de jours après à Saint-Germain-en-Laye et en quantité d'autres endroits depuis, n'aurait-il pas dû les désabuser, et leur montrer que le pouvoir des pointes a bien peu de part à ces effets ? Quand il plaira aux physiciens qui se sont trouvés à portée de revoir le fait, de l'examiner dans ses différentes circonstances, et d'en peser la juste valeur ; quand il leur plaira, dis-je, de publier leurs découvertes, et d'exposer en détail ce qu'ils n'ont pu faire encore que sommairement, pour empêcher les progrès de l'illusion, vous verrez que la grandeur, la figure, la situation du fer, ne sont point des choses essentielles, et dont dépende absolument le succès de ces expériences ; vous verrez qu'une verge, une barre de fer pointue ou coupée carrément par les bouts, posée verticalement ou dans un plan horizontal, reçoit également l'électricité qui règne dans l'air lorsqu'il tonne, et même souvent lorsqu'il ne tonne pas ; vous verrez que ce n'est point un privilège attaché au fer ; que l'eau, le bois, les animaux, et généralement tous les corps électrisables, acquièrent pareillement cette vertu, et qu'il n'est pas nécessaire pour cela de les porter au plus haut des édifices, quoiqu'on réussisse mieux dans les endroits élevés et isolés. Toutes ces vérités sont aujourd'hui de notoriété publique. »

Ces dernières assertions que Nollet appelle « des vérités de notoriété publique », ne résultaient que de faits mal observés.

Nous ne pousserons pas plus loin ces citations qui mettent suffisamment en évidence les sentiments de l'abbé Nollet sur le paratonnerre. Disons seulement que, dès sa première lettre, il expose plus sommairement la même opinion. Il déplore l'erreur commise à ce sujet par Franklin. En considération des services incontestables rendus à l'électricité par le physicien de Philadelphie, il voudrait « que l'on pût oublier à jamais que M. Franklin a pu donner dans ce petit écart[107]. »

La postérité, nous le croyons, verra dans cette opinion, dans « ce petit écart de M. Franklin, » le *grand écart de M. l'abbé Nollet.*

C'est sur la foi de Nollet que plusieurs physiciens, après l'année 1734, date de la publication de ses premières *Lettres*, se sont élevés, en France, contre la vertu des paratonnerres. Nous ne citerons qu'un seul de ces opposants, mais qui est bien digne de cette mention spéciale, puisque, dans son ardeur à proscrire l'appareil de Franklin, il allait jusqu'à demander qu'un règlement de police empêchât à l'avenir de terminer les édifices par une forme pointue, mais prescrivît, au contraire, de leur donner toujours des surfaces convexes. Dans son zèle antifrankliniste, il voulait même qu'il fût défendu de planter des arbres de haute tige aux environs des habitations. Cet ennemi des jardins était l'abbé Poncelet, auteur d'un traité spécial intitulé : *La nature dans la formation du tonnerre.* Voici comment il s'exprime à ce sujet :

« Quand on annonça, il y a quelques années, dit l'abbé Poncelet, la propriété des pointes, je me souviens qu'on vit alors quantité de gens qui s'imaginaient que c'était là le grand, le vrai, l'unique moyen d'éviter les accidents fâcheux, qui suivent ou accompagnent quelquefois le tonnerre. J'entendis même en ce temps-là plusieurs personnes qui, se croyant fort instruites, soutenaient opiniâtrement que, si l'on avait essuyé très-peu d'orages en 1751 et 1752, on en était redevable à trois ou quatre barres métalliques, élevées dans autant de quartiers de Paris. Hélas ! en raisonnant de la sorte, que l'on était éloigné de compte ! Les pointes, il est vrai, attirent le phlogistique de la nuée, elles le dissipent même en partie ; mais quelle proportion peut-il y avoir entre une masse quelquefois d'une demi-lieue et plus de long, d'autant de large, et peut-être de cent toises de profondeur, avec une petite barre de fer de six pieds de long, sur six lignes d'épaisseur ? C'est comme si je voyais un charlatan muni d'un vase contenant environ une pinte, entreprendre de vider l'immense bassin de l'Océan, pour passer à pied sec en Angleterre. Je vais plus loin, et je prétends qu'en multipliant les barres, on court risque de produire un effet tout contraire à celui que l'on se propose. Car enfin, en cherchant ainsi à attirer le phlogistique, il peut tomber en si grande quantité, dans les lieux où seront posées ces barres, qu'il résultera de cette chute les orages les plus étranges et les plus inévitables. Et n'est-ce pas ce que l'on a vu arriver cent et cent fois aux clochers terminés en flèche ? Bien loin donc d'avoir recours à cette sorte de moyen pour éviter le tonnerre, je voudrais au contraire, que l'on fit un règlement de police par lequel il serait défendu de faire désormais des constructions de cette espèce. Conséquemment tous les édifices un peu élevés seraient terminés par des formes convexes ou approchantes, ou tout au moins présenteraient de très-larges surfaces. Par la même raison, je voudrais qu'il fût défendu de planter des arbres de haute tige aux environs et à la proximité des habitations. J'en atteste encore sur cela l'expérience, qui nous apprend que les arbres fort élevés font la fonction de pointes, et attirent fréquemment le tonnerre[108]. »

On reconnaît dans cette argumentation, et exprimées presque dans les mêmes termes, les préventions et les erreurs de Nollet. Les corps terrestres élevés en l'air et terminés en pointe, tels que les arbres et les clochers, qui n'ont qu'une conductibilité très-imparfaite, et qui dès lors peuvent être frappés de la foudre, sont toujours confondus avec les tiges métalliques pointues et qui, communiquant par un excellent conducteur avec le sol, peuvent donner un libre passage à l'électricité, et permettre de neutraliser ainsi le fluide libre des nuages.

Ce qui fait comprendre, en partie, cette opposition contre le paratonnerre, soutenue avec obstination par des savants aussi distingués que Nollet en France, et Wilson en Angleterre, c'est que Franklin qui, nous devons le dire, a toujours mal interprété physiquement le mécanisme du pouvoir des pointes, s'imaginait que les pointes *soutiraient* par elles seules le fluide électrique des nuages. Ce mot *soutirer* effraya longtemps les imaginations, il continua à entretenir les craintes et les préjugés contre le paratonnerre.

La tige d'un paratonnerre n'agit pas en *soutirant* l'électricité des nuages, comme le pensait Franklin : c'est tout le contraire qui a lieu. Tout le monde sait aujourd'hui que le mécanisme physique du paratonnerre repose sur l'*électrisation par influence*. Quand un nuage orageux, électrisé positivement, par exemple, existe au sein de l'atmosphère, il agit *par influence*, c'est-à-dire à distance, sur tous les corps qui se trouvent placés sur la terre, dans le rayon de son activité. Il repousse au loin le fluide positif, et attire le fluide négatif, lequel s'accumule sur les corps situés à la surface du sol, et avec d'autant plus d'abondance que ces corps sont placés à une plus grande hauteur. Les corps élevés le plus haut dans l'atmosphère, sont dès lors les plus fortement électrisés et les plus exposés à recevoir la décharge électrique. Mais si, dans ces hautes régions on a élevé des paratonnerres, c'est-à-dire des tiges métalliques pointues en communication avec le sol, le fluide négatif attiré du sol par l'influence du nuage, s'écoule dans l'atmosphère et va neutraliser le fluide positif, au sein même de ce nuage.

Il peut arriver pourtant que la masse d'électricité contenue dans la nuée orageuse soit si considérable, que le conducteur du paratonnerre reste insuffisant pour emprunter au sol la quantité de fluide opposé, nécessaire pour neutraliser le fluide libre du nuage. La foudre éclate alors ; mais comme l'électricité suit toujours le meilleur conducteur, c'est le paratonnerre qui reçoit la décharge, en raison de sa parfaite conductibilité, et l'édifice est préservé.

Malgré les efforts de quelques physiciens intelligents, parmi lesquels il faut citer Charles et Leroy, de l'Académie des sciences, on repoussa donc, en France, jusqu'à l'année 1782, les paratonnerres, que l'Amérique avait adoptés dès l'année 1760, sur les recommandations et grâce au crédit politique de Franklin.

Les physiciens qui partageaient les idées de Nollet, ne se contentaient pas de déclamer contre cet appareil, comme inutile et ridicule ; ils le dénonçaient comme dangereux pour la sécurité publique, ce qui eut pour effet d'amener des émeutes populaires.

En 1783, un gentilhomme de la ville de Saint-Omer, M. Visseri de Boisvallé, avait fait élever sur sa maison, un paratonnerre, qu'il avait surmonté d'une sorte de globe, terminé par une épée qui menaçait le ciel. À la vue de cet appareil, toute la ville fut en rumeur. La foule se rassembla, menaçante, et toute prête à faire un mauvais parti au téméraire novateur[109].

Partageant les préjugés populaires, la municipalité de Saint-Omer, au lieu de soutenir M. Visseri, rendit un arrêté qui lui intimait l'ordre d'abattre l'appareil suspect. Ce dernier résista à une prétention qui excédait les pouvoirs de l'autorité municipale, et saisit de la question le tribunal d'Arras.

Un avocat, alors très-obscur, fut chargé de la défense de M. Visseri de Boisvallé : sa plaidoirie et la cause à laquelle elle se rapportait eurent un grand retentissement. Toute la France s'occupa de l'affaire de Saint-Omer, et en suivit les phases avec sollicitude.

Le jugement du tribunal d'Arras, du 31 mai 1783, qui cassait l'arrêté de la municipalité de Saint-Omer, fut accueilli dans le royaume, avec des applaudissements unanimes, et on lut avec empressement la plaidoirie du jeune avocat, qui, au dire du *Journal des savants*, avait traité son sujet « avec beaucoup d'esprit et d'érudition ».

Le jeune avocat du tribunal d'Arras s'appelait M. de Robespierre, et cette affaire commença la réputation du terrible conventionnel.

En 1771, Th. de Saussure, à Genève, avait fait dresser un paratonnerre, pour garantir sa maison et son quartier. Toute la ville s'émut, et, pour tranquilliser les esprits, Th. de Saussure dut faire imprimer un petit ouvrage sur l'*utilité des conducteurs électriques*, dont on distribuait des exemplaires gratis à toute personne qui se présentait à un *bureau d'avis*[110].

Le jugement du tribunal d'Arras eut pour effet d'attirer l'attention des corps savants sur les paratonnerres. L'Académie de Dijon s'occupa la première de cette question : un rapport sur ces appareils fut rédigé par Guyton de Morveau et Maret, qui établirent toute l'utilité de cet appareil et posèrent quelques règles pour sa construction.

C'est dans les provinces du Midi, et non dans la capitale de la France, que les premiers paratonnerres furent établis. L'abbé Bertholon, professeur de physique, en avait élevé beaucoup à Lyon et dans diverses villes du Languedoc. C'est d'après l'efficacité qui fut bientôt reconnue aux appareils construits par l'abbé Bertholon, que ce physicien, en 1782, fut appelé à en établir de semblables dans la capitale[111].

L'adoption des paratonnerres ne commença en Angleterre qu'en 1788. Le chapitre de Saint-Paul, à Londres, après avoir pris l'avis de la *Société royale*, décida que l'église métropolitaine serait munie d'un de ces instruments. Un second s'éleva quelque temps après, sur Buckingham-House, et bientôt les principaux édifices publics de Londres et les magasins à poudre mêmes en furent munis.

Fig. 278. — Une émeute à Saint-Omer, à propos de
l'établissement d'un paratonnerre sur la maison de Visseri de
Boisvallé.

Le grand-duc de Toscane et l'empereur d'Autriche firent adopter,
vers cette époque, la même mesure dans leurs États.

Avant que l'on élevât des paratonnerres sur les édifices, on avait
déjà songé à préserver, par le même moyen, les navires en mer.
C'est la république de Venise qui donna la première le signal de
cette mesure. Par un décret du 30 juillet 1778, la république avait
ordonné que ce nouveau système fut appliqué à tous ses navires et
aux magasins à poudre.

Louis Figuier

C'est d'après cet exemple, qu'en 1784, le physicien Leroy visitait nos ports, pour faire installer le paratonnerre sur tous les navires et sur les constructions maritimes. Les conducteurs métalliques adoptés par Leroy, pour l'usage des navires, étaient des chaînes de cuivre fixées aux mâts. Les vaisseaux *l'Étoile*, *l'Astrolabe*, *la Résolution*, *l'Expérience* et *la Boussole*, furent munis les premiers de cet appareil.

Les avantages manifestes qui résultaient de l'emploi des paratonnerres, firent bientôt justice de préventions mal fondées. La question fut envisagée sous son jour véritable, et l'on finit par reconnaître les avantages immenses de ce simple et ingénieux instrument. Dès lors, le physicien de Philadelphie ne compta plus que des partisans.

« M. l'abbé Nollet, nous dit Franklin dans ses Mémoires, vécut assez pour se voir le dernier de son parti, excepté M. B…, de Paris, son disciple immédiat. »

C'est Turgot qui est l'auteur d'un vers à la louange de Franklin, qui est devenu bien célèbre. Le texte primitif de ce vers, destiné à être placé au bas d'un portrait du philosophe américain, est très-peu connu. Le voici, d'après Vicq d'Azyr :

Eripuit cœlo fulmen, mox sceptra tyrannis[112].

Après le triomphe définitif des armées américaines, ce vers fut modifié. Par un changement doublement heureux, et pour l'harmonie, et pour l'exactitude historique, il devint celui que tant de bouches ont répété :

Eripuit cœlo fulmen sceptrumque tyrannis.

La conversion aux idées de Franklin devint bientôt si complète, en France, que l'on en vint jusqu'à déclarer qu'une personne menacée, en rase campagne, par le feu du ciel, n'avait, pour s'en garantir, qu'à tirer l'épée, et à la tenir, dressée verticalement contre les nuées orageuses, dans la position d'Ajax menaçant les dieux. Les gens d'Église, à qui leur condition interdisait de porter l'épée, se plaignirent de cette rigueur du sort, et l'on songea à demander pour eux, au moins pour les temps d'orage, une infraction à la coutume qui leur interdisait de porter une arme. On répondit à cette réclamation des gens d'Église, en leur montrant, dans le livre de Franklin, qui était l'Évangile du jour, « qu'on peut suppléer au pouvoir des pointes en laissant bien mouiller ses habits. » C'est chose facile pendant un orage. Ils n'insistèrent plus sur leur requête.

Les dames de Paris portèrent quelque temps, un chapeau garni, autour de la ganse, d'un fil métallique, communiquant avec une petite chaîne d'argent qui tombait, par derrière, jusque sur les talons (fig. 279). C'était le moyen, imaginé par la mode, pour défendre du feu du ciel les précieuses têtes des jolies femmes.

Entre les partisans enthousiastes de Franklin et ses détracteurs, entre les physiciens qui propagèrent avec ardeur sa doctrine et ceux qui l'ont attaquée par leurs discours ou leurs écrits, il faut ranger les indifférents ou les douteux, qui flottaient insoucieusement entre les deux opinions. De ce nombre fut le roi de Prusse, Frédéric II, qui, après examen de la question par des savants commissionnés à cet effet, accorda l'autorisation d'établir des paratonnerres dans toute l'étendue du royaume de Prusse, mais défendit expressément d'en placer aucun sur son palais de Sans-Souci.

Fig. 279. — Le chapeau-paratonnerre des dames de Paris, en 1778.

Louis Figuier

CHAPITRE IX

UTILITÉ DES PARATONNERRES. — FAITS A L'APPUI.

Les paratonnerres sont-ils utiles ? La théorie le fait prévoir. Mais les personnes étrangères aux sciences, comparant la grandeur du phénomène de la foudre et les désastres qu'il occasionne, avec la faiblesse et l'insignifiance apparente du moyen qu'on lui oppose, ont toujours conçu des doutes à ce sujet. Dans cette conjoncture, il n'y a d'autres preuves à admettre que celles qui résultent des faits observés. Il faut que des événements multipliés aient prouvé avec surabondance que l'instrument de Franklin rend, en effet, les édifices invulnérables. Or, cette démonstration a été fournie d'une manière si complète, que nous n'avons que l'embarras du choix parmi les faits innombrables qui la confirment. L'énumération qui va suivre ne laissera subsister aucun doute à cet égard.

En 1782, il existait déjà à Philadelphie, un nombre considérable de paratonnerres. Sur 4 800 maisons dont se composait la ville, on comptait au moins 400 paratonnerres. Tous les édifices publics en avaient été munis. Un seul faisait exception : c'était l'hôtel de l'Ambassade de France. Le 27 mars 1782, un orage éclata sur la ville, et tomba précisément sur cet hôtel. Il y occasionna divers ravages, et frappa un officier français, qui mourut au bout de quelques jours. On ne manqua pas, après cet événement, de placer un paratonnerre sur l'hôtel, qui depuis fut épargné par la foudre.

Le 12 juillet 1770, à Philadelphie, la foudre tomba tout à la fois sur un petit navire dépourvu de paratonnerre, sur deux maisons qui étaient dans le même cas, et sur une troisième maison défendue par un de ces appareils. Le navire et les deux premières maisons furent gravement endommagés. Quant à la maison armée d'un paratonnerre, et qui avait été également atteinte par la foudre, elle n'offrit aucun dégât : seulement, la tige du paratonnerre avait été fondue sur une assez grande longueur.

En 1787, toujours à Philadelphie, la maison de Franklin fut frappée par le feu du ciel, qui n'y occasionna pourtant aucun dommage. Comme dans le cas précédent, la pointe du paratonnerre avait été fondue, « de sorte, dit Franklin dans une lettre à M. Landriani, qu'avec le temps l'invention a été de quelque utilité pour l'inventeur[113]. »

La belle tour de la cathédrale de la ville de Sienne, l'un des clochers les plus beaux et les plus élevés de l'Italie, était souvent foudroyée, et chaque fois endommagée gravement. On se décida, en 1776, à la mettre sous la sauvegarde d'un paratonnerre.

Les habitants de Sienne ne virent pas sans horreur et sans effroi se dresser sur la tour de leur cathédrale ce qu'ils appelaient la *baguette hérétique*. Mais le 18 avril 1777, la foudre se chargea de réconcilier ces bons catholiques avec la découverte de la science profane. Elle vint frapper la même tour qui avait été si souvent endommagée par le feu du ciel ; mais elle descendit, inoffensive, le long du conducteur, sans causer le moindre dégât. Sans même altérer les ornements dorés près desquels elle passait, elle se perdit dans le conduit souterrain qui la faisait aboutir à un canal rempli d'eau.

Le clocher de Saint-Marc, à Venise, avait été foudroyé un grand nombre de fois, et les dégâts occasionnés à ce haut édifice avaient entraîné à beaucoup de dépenses la république vénitienne. Ce clocher était exposé plus que tout autre aux coups de foudre, à cause de sa grande élévation, de sa situation isolée et de la grande quantité de fer qui entrait dans sa construction. Aussi dans un intervalle de quatre siècles avait-il éprouvé neuf coups de tonnerre, dont les effets avaient été plus ou moins désastreux. Le premier et le second furent si terribles, que le feu du ciel renversa en partie le clocher ; par le même coup, le clocher des Frères Mineurs conventuels fut frappé au même instant, et sept cloches furent fondues. Dans le septième coup de foudre, le 23 avril 1745, il y eut sur le clocher de Saint-Marc, trente-sept fractures, qui menaçaient la tour d'une ruine entière (fig. 280). Les réparations coûtèrent plus de huit mille ducats.

Rien n'était plus nécessaire, on le voit, que d'élever un paratonnerre sur la tour de Saint-Marc. C'est ce que l'on fit au mois de mai 1776, Depuis cette époque, il n'a plus été atteint par le feu du ciel.

Le clocher des Cordeliers de *San-Francisco della Vigna*, l'un des plus beaux de Venise, et qui, s'élevant en pyramide à une grande hauteur, servait autrefois de signal aux vaisseaux prêts à entrer dans le port, fut frappé, et presque entièrement renversé par la foudre, en 1777. On le rebâtit bientôt, et le sénat de Venise ordonna qu'il fût armé d'un paratonnerre.

Fig. 280. — La tour Saint-Marc, à Venise, frappée et
endommagée par le feu du ciel, le 23 avril 1745.

À la fin du mois de mai 1780, comme on travaillait encore à la construction de cet appareil, la foudre tomba de nouveau sur le clocher, qui n'était pas encore muni de sa tige préservatrice. Mais dès que la matière fulminante fut parvenue à l'extrémité supérieure de ce conducteur partiel, elle fut transmise, sans occasionner le moindre dommage, et se perdit ensuite tranquillement dans le sol.

En 1781, ce même clocher fut encore atteint par la foudre ; mais cette fois son paratonnerre était complètement installé. Aussi ne reçut-il aucun dommage. Une légère marque à la croix, quelques empreintes noires que l'on trouva sur la chaîne du paratonnerre, attestèrent la transmission inoffensive du fluide fulminant.

D'après un mémoire de M. Harris, savant anglais, qui s'est occupé avec infiniment de soin de la construction des paratonnerres des navires, il y a dans le Devonshire, six églises à clochers très-élevés, dont cinq ne sont pas munis de paratonnerres. Dans un intervalle de quelques années, les six églises ont été frappées de la foudre, et la seule qui n'ait subi aucun dommage de l'action du météore, était la seule qui fût armée d'un paratonnerre.

Lichtenberg, d'après les observations et sous la garantie d'Ingenhousz, a raconté un cas fort curieux de l'efficacité du paratonnerre.

En Carinthie, dans les domaines du comte Orsini de Rosenberg, chambellan de l'empereur, il existait, sur une montagne, une église, qui avait été, à plusieurs reprises, frappée du tonnerre. Cet accident, fréquemment renouvelé, avait amené tant de désastres que, durant l'été, on s'abstenait d'y célébrer le service divin. En 1730, cette église fut, selon l'expression d'Ingenhousz, « tout anéantie par la foudre. » On la rebâtit à neuf, mais elle subissait trois ou quatre fois par an, comme par le passé, les périlleuses visites de l'électricité météorique. Dans le cours d'un seul orage, le tonnerre tomba jusqu'à dix fois sur le clocher ; et en 1778 il fut foudroyé à cinq reprises différentes : la cinquième fois l'atteinte fut si violente, que, craignant pour la solidité de l'édifice, le comte Orsini se décida à le faire démolir.

On le releva de nouveau, mais cette fois, en le munissant d'un paratonnerre. Depuis cette époque jusqu'en 1783, date des observations de Lichtenberg, aucun accident ne vint compromettre la solidité de ce bâtiment. Une seule fois le tonnerre vint le frapper ; mais l'électricité s'écoula le long de la route qu'on lui avait tracée, et ne fondit pas même la pointe du conducteur[114].

L'abbé Toaldo est le premier qui, en 1782, établit des paratonnerres en Autriche et en Bavière. À peine les conducteurs étaient-ils placés sur le château de Nymphenbourg, appartenant à l'Électeur de Bavière, que ce prince y observa le premier, dans un orage, des feux sur les pointes de deux de ces instruments. Il fit aussitôt appeler pour témoin toute la cour, dans laquelle il y avait, comme les appelait l'Électeur, des hérétiques en électricité, lesquels furent convertis à la seule inspection de ce phénomène.

Un autre fait curieux fut observé à Nymphenbourg. Pendant un orage, on vit s'avancer vers le château des nuées orageuses, qui lançaient de terribles éclairs. Mais dès que ces nuées avaient passé au-dessus des paratonnerres, elles devenaient toutes « comme des charbons éteints ; aucune n'éclairait plus, ayant fait passer tout leur feu dans les pointes. » Beaucoup de personnes furent témoins de ce fait, ainsi que l'abbé Toaldo qui l'a rapporté[115].

Dans le mémoire de l'abbé Bertholon intitulé : *Nouvelles Preuves de l'efficacité des paratonnerres*, on lit que, durant une tempête terrible, les paratonnerres de Londres, et principalement les pointes de ceux qui se trouvaient sur le palais de la reine, se montrèrent lumineux. « On voyait, dit Bertholon, le fluide électrique se jouer et voltiger de la plus belle manière. » Le fluide fut si bien transmis, qu'il n'y eut en ce moment, malgré la violence de l'orage, aucune maison de Londres qui en souffrît le moindre dégât[116].

Un autre exemple de l'utilité des paratonnerres fut constaté à Glogau, dans la Silésie, en 1782. Le 8 mai, vers huit heures du soir, un orage venu de l'ouest vint fondre non loin du magasin à poudre établi dans *Galinaburg*. Un éclair éblouissant parcourut le ciel, accompagné d'un effroyable éclat de tonnerre, le tout avec tant de violence, que la sentinelle, frappée de stupeur, perdit pour quelques moments l'usage de ses sens. Quelques ouvriers employés aux travaux de la forteresse, à deux cent cinquante pas des magasins, virent la foudre sortir du nuage, et frapper la pointe du conducteur, sans lequel évidemment tous les bâtiments auraient sauté[117].

« La grande colonne de Londres *le Monument*, dit Arago dans sa *Notice sur le tonnerre*, fut élevée dans l'année 1677, par Christophe Wren, en commémoration du grand incendie de cette capitale. Elle a environ soixante-deux mètres de hauteur, à compter du pavé de Fish-street. Sa partie supérieure se termine par un large bassin de métal, rempli d'un grand nombre de bandes également métalliques, plus ou moins contournées, dirigées dans divers sens, et qui, étant destinées à figurer des flammes, sont toutes terminées en pointes très-aiguës. Du bassin jusqu'à la galerie descendent verticalement quatre fortes barres de fer, qui servent d'appui aux marches de l'escalier de même métal, aboutissant au bassin. Une des quatre barres (elle n'a pas moins, à sa base, de treize centimètres de largeur sur vingt-cinq millimètres d'épaisseur) est en communication avec les mains courantes en fer de l'escalier, lesquelles descendent jusqu'au sol. Tout le monde retrouvera ainsi les pointes multiples de certains paratonnerres et le conducteur. Je n'ai pas appris que, dans les cent soixante années qui se sont écoulées depuis 1677, un seul coup de foudre ait frappé le *Monument*.

« Les dégâts faits par la foudre dans la tour de Strasbourg étaient, chaque année, l'occasion d'une dépense considérable. Depuis l'époque assez récente où la flèche a été armée d'un paratonnerre, les dégâts sont nuls, et la dépense a disparu du budget municipal[118]. »

Le 5 septembre 1779, un violent orage ayant éclaté à Manheim, la foudre tomba sur une cheminée de la Comédie allemande, et la mit en pièces. Elle frappa en même temps, une maison située à peu de distance : c'était celle du comte de Riaucour, ambassadeur de Saxe à Paris. Cette dernière maison était munie depuis deux ans d'un paratonnerre, qui la préserva de tout dégât, car la foudre suivit parfaitement la chaîne conductrice. Plusieurs officiers et autres personnes virent la flamme électrique tomber sur le paratonnerre, et de là sur le sol, où elle souleva un tourbillon de sable, qui couvrit le conducteur à son entrée en terre. Ce paratonnerre avait été élevé par l'abbé Hemmer de l'Académie de Manheim, garde et démonstrateur de physique du cabinet de l'Électeur.

« Informé de ce fait, écrit l'abbé Hemmer, je me rendis le 16 du même mois, avec une bonne lunette, devant la maison de M. le comte de Riaucour, où, ayant bien examiné les pointes des conducteurs (chacun en a cinq), j'en ai découvert une qui était fort endommagée, et c'était précisément sur le conducteur sur lequel on assurait avoir vu tomber la foudre. J'ai fait monter un couvreur pour dévisser cette pointe, qui était la perpendiculaire, les quatre autres étant horizontales ; cet homme me l'ayant apportée en présence de plusieurs personnes, nous l'avons trouvée fendue vers le haut, et très-fortement courbée et tortillée à la longueur de deux pouces et demi. À l'endroit où cette courbure finit, elle a deux lignes et demie de diamètre. J'en ai fait visser une autre à sa place, et je conserve la première dans le cabinet de physique de S. A. S. E.[119]. »

Le paratonnerre que l'abbé Bertholon avait élevé sur l'église de Saint-Just à Lyon, donna une preuve de l'efficacité de ces instruments, même quand ils sont privés de leur pointe. Le désir de voir la foudre tomber sur ce paratonnerre, afin de montrer à tous les yeux la manifestation de l'utilité de cet appareil, avait engagé Bertholon à différer assez longtemps de le compléter, en l'armant de sa pointe. Il espérait que dans cet état la foudre, qui l'avait auparavant assez souvent visité, pourrait y revenir. Le 3 septembre

1780, après un orage accompagné de vent, de pluie et de fréquents tonnerres, un grand nombre de personnes virent un trait de feu serpentant venir frapper l'extrémité du paratonnerre désarmé de sa pointe, l'instrument le conduisit en silence jusque dans la terre, sans qu'il occasionnât le moindre dommage à l'édifice.

Ainsi la physique fit dans ce cas l'épreuve que tous les gouvernements prescrivent pour s'assurer d'avance de la résistance des bouches à feu et de celle des machines à vapeur. La pointe fut placée ensuite sur la tige du paratonnerre, pour compléter l'instrument[120].

Le château royal de Turin, la *Valentina*, qui avait souvent été frappé du tonnerre, s'en trouva entièrement à l'abri dès qu'il fut armé d'un paratonnerre par Beccaria.

En 1783, la foudre fit beaucoup de ravages dans toute l'Italie ; mais à Gênes, où l'on avait élevé un grand nombre de paratonnerres, elle ne fit presque aucun mal, et, selon la remarque de Landriani, elle ne frappa que deux ou trois maisons assez éloignées de ces conducteurs.

Arnolsini a remarqué que la foudre ne tomba point dans l'été de 1783, à Lucques, où il avait introduit, le premier, l'usage des paratonnerres, bien qu'elle fit de grands ravages, pendant le même temps, dans toute l'Italie.

Aux environs de Bologne, elle tomba très-souvent et tua quatre personnes. Néanmoins elle respecta le palais de Saint-Marin et deux édifices de Lucques armés de conducteurs, qui, avant cette époque, avaient souvent été foudroyés.

Schinttz, secrétaire de l'Académie de Zurich, ville dans laquelle on avait élevé un grand nombre de paratonnerres, a également observé que, malgré la très-grande quantité d'orages qui éclatèrent en Suisse, en 1783, aucune maison n'en souffrit le plus petit accident.

La maison de campagne du comte de Mniszeck, à Demblin, avait été ravagée par la foudre pendant plusieurs années, ce qui détermina à y élever un appareil préservateur. Dès lors la foudre put y tomber cinq fois sans occasionner aucun effet fâcheux.

L'abbé Hemmer écrivait en 1783, à Landriani, que l'église luthérienne de Bornheim et celle de Nierstein, qui avaient été très-souvent fort endommagées par le feu du ciel, en furent entièrement préservées, même dans les orages les plus terribles, dès qu'on les eut munies de paratonnerres.

D'après M. Greppi[121], les maisons de Hambourg n'éprouvèrent plus aucun dégât de la foudre depuis que ces appareils y furent établis[122].

Dans tous les faits qui précèdent, il n'a été question que d'édifices et de maisons préservés du feu du ciel par l'appareil de Franklin. Donnons, maintenant les preuves que les navires en mer peuvent être mis, par le même moyen, à l'abri de ce redoutable météore.

En 1780, le physicien Delor montrait à Paris, comme objet de curiosité, une portion du conducteur du paratonnerre d'un vaisseau anglais, formé d'une pointe de fer doré qui communiquait avec une chaîne de tringles de fer descendant jusque dans la mer. Dans la réunion de ces tringles, il existait, par hasard, une petite interruption de trois à quatre lignes. Ce vaisseau ayant été surpris, dans sa route, par un orage considérable, tout l'équipage put observer pendant trois heures, l'écoulement du feu électrique dans la portion interrompue du conducteur.

Le naturaliste Forster, dans son voyage autour du monde, eut l'occasion de reconnaître l'efficacité des paratonnerres sur les navires. Les îles de la mer du Sud sont exposées à de violents orages qui éclatent en toute saison. Pendant que Forster naviguait dans ces parages, il faisait souvent attacher les chaînes du conducteur du paratonnerre, pour prévenir les effets de la foudre. Le bâtiment se trouvant un jour dans l'île d'Otahiti, on envoya un matelot attacher cette chaîne au grand mât. Cet homme eut à peine rempli son office, qu'un autre matelot, qui nettoyait la chaîne avant de la fixer près des haubans, reçut une secousse électrique, et l'on vit le feu du ciel descendre le long de ce conducteur, sans occasionner le moindre accident.

Voilà sans nul doute un témoignage décisif de l'efficacité des paratonnerres sur les navires. La foudre est transmise par la chaîne conductrice ; on la voit descendre du ciel dans la mer : elle avertit de sa présence, par une secousse électrique, le matelot qui allait fixer le conducteur, et aucun accident n'arrive ; si la chaîne n'eût pas été placée à temps le long du mât, le vaisseau eût été foudroyé.

Le capitaine Cook a rapporté une autre observation, qui est tout aussi décisive sous ce rapport ;

« Nous éprouvâmes, sur les neuf heures, dit le célèbre navigateur dans le récit de l'un de ses voyages autour du monde, une horrible tempête, accompagnée d'éclairs et de pluie, pendant laquelle un navire hollandais, dit l'*Indien occidental*, eut son grand mât brisé et emporté de dessus le tillac ; le grand perroquet et le grand hunier furent mis en pièces (fig. 281). Il y avait une espèce de dard en fuseau de fer au sommet du grand perroquet, qui dirigea probablement le coup ; ce vaisseau n'était éloigné des nôtres que de la portée de deux câbles, et il y a toute apparence que nous aurions subi le même sort, sans une chaîne électrique que nous avions attachée au haut de nos vaisseaux, et qui conduisit la foudre sur les côtés. Mais quoique nous ayons échappé au ravage de la foudre, nous éprouvâmes une explosion semblable à un tremblement de terre, et la chaîne parut en même temps comme une traînée de feu. La sentinelle, occupée à la charger, éprouva une secousse qui lui fit tomber son mousquet d'entre les mains, et brisa même la baguette. Je ne peux donc trop recommander de pareilles chaînes pour chaque vaisseau ; quelle que soit sa destination, j'espère que le malheureux destin du Hollandais servira, à ceux qui liront cette relation, d'avertissement pour ces pointes de fer qu'on fixe au haut du mât. »

Fig. 281. — Le navire du capitaine Cook épargné, grâce a son paratonnerre, près d'un navire hollandais frappé par la foudre.

On a fait remarquer judicieusement, à propos de ce récit du capitaine Cook, que le conducteur de son navire n'ayant qu'un sixième de pouce de diamètre, était trop mince pour cet objet ; il aurait dû, pour jouir de toute son efficacité, présenter au moins un pouce d'épaisseur. Il paraît aussi que la pointe qui appartenait originairement à la chaîne conductrice, avait été volée, et que celle qui fut atteinte par la foudre, était d'un travail inférieur et moins aiguë. Sans ce double défaut : une pointe obtuse et une chaîne trop mince, le coup de foudre aurait été entièrement prévenu.

Au mois de juin 1813, dans le port de la Jamaïque, le vaisseau *le Norge* et un navire marchand furent atteints par la foudre et gravement endommagés ; ils n'étaient munis ni l'un ni l'autre de paratonnerres. Les autres bâtiments, en très-grand nombre, qui remplissaient le port, furent respectés ; ils étaient tous munis de leurs paratonnerres.

En janvier 1814, la foudre tomba dans le port de Plymouth. Le vaisseau *Milleford* fut le seul frappé et endommagé. Il était aussi le seul qui, dans ce moment, ne se trouvât point muni de son paratonnerre.

Trois coups de foudre frappèrent, en janvier 1830, dans le canal de Corfou, le paratonnerre du vaisseau anglais *l'Etna*, sans lui causer le moindre dommage. Le *Madagascar* et le *Mosqueto*, vaisseaux sans paratonnerres, placés non loin de l'*Etna*, furent atteints et fort maltraités par ce météore.

Après des faits si nombreux, et dont on pourrait étendre presque indéfiniment la liste, le lecteur demeurera suffisamment convaincu de l'efficacité des paratonnerres, et trouvera sans doute bien justifié l'hommage que la poésie a rendu à cette belle découverte scientifique, quand elle a dit, par l'organe de l'auteur des *Mois*, en parlant de la tige électrique :

Et par elle, à nos pieds, conduit sans violence,
Le tonnerre captif vient mourir en silence.

Louis Figuier

CHAPITRE X

PRINCIPES ET RÈGLES POUR LA CONSTRUCTION DES PARATONNERRES. — INSTRUCTION DE GAY-LUSSAC ADOPTÉE ET PUBLIÉE PAR L'ACADÉMIE DES SCIENCES DE PARIS EN 1823. — NOUVELLES INSTRUCTIONS PUBLIÉES EN 1825.

L'abbé Bertholon avait préludé, dans le Midi de la France, à l'établissement d'un grand nombre de paratonnerres ; et il avait été conduit par l'observation, à un certain nombre de règles empiriques qui servaient de guide dans cette circonstance.

Guyton de Morveau et Maret, dans un rapport fait à l'Académie des sciences de Dijon, en 1784, avaient essayé de formuler quelques principes relatifs à la construction des paratonnerres. Les physiciens Charles et Leroy donnèrent, au commencement de notre siècle, plus de précision à ces règles.

En 1823, la foudre avait occasionné de grands ravages en France. À cette occasion, le ministre de l'intérieur demanda à l'Académie des sciences de Paris, de rédiger une *Instruction pratique*, qui pût servir de guide aux constructeurs et ouvriers, pour l'établissement des paratonnerres que l'on se disposait à élever dans la plupart des communes. Chargé de ce travail, Gay-Lussac rédigea un travail qui peut être considéré comme un modèle, par la netteté des vues théoriques et la simplicité des indications pratiques.

Le rapport de Gay-Lussac fut distribué avec une profusion extrême, et largement répandu, grâce à notre gouvernement, par tous les moyens de publicité. L'étranger profita, aussi bien que la France, de ce document, qui devint une sorte de manuel populaire, où, pendant trente ans, on a puisé les notions simples et précises dont on avait besoin pour construire et installer cet appareil protecteur.

Cependant un travail scientifique, qui remontait à l'année 1823, avait besoin d'être soumis, de nos jours, à une révision attentive. Sans doute, tout ce qu'a écrit Gay-Lussac en 1823, sur la manière d'établir un paratonnerre, demeure encore aujourd'hui exact et vrai. Mais les modifications qui ont été apportées depuis ce temps, au système et surtout aux matériaux des constructions, ont placé les édifices dans des conditions toutes nouvelles par rapport à l'électricité atmosphérique. Dans les édifices d'autrefois, l'emploi des métaux, particulièrement du fer et du zinc, était restreint presque exclusivement au faîtage, aux gouttières, aux tirants de consolidation. Dans les constructions modernes, au contraire, le métal prédomine de plus en plus. Dans les bâtiments d'aujourd'hui, on trouve partout du fer, de la fonte ou du zinc, que l'on emploie en grandes masses et sur de grandes superficies : couvertures de métal, charpentes de métal, poutres de métal, croisées de métal, colonnes de métal, quelquefois même murailles de métal.

Sur des édifices ainsi composés, la foudre a nécessairement plus de prise que sur les anciennes maisons qui n'admettaient que de la pierre et du bois. Les nuages orageux peuvent décomposer, par influence, des quantités d'électricité décuples ou centuples de celles qu'ils auraient décomposées avec des corps moins bons conducteurs, comme l'ardoise ou la brique, le bois, la pierre, le plâtre, le mortier et tous les anciens matériaux des édifices. Ce nouveau système de construction réalise donc, sur une échelle immense, ce que l'on reprochait aux paratonnerres à la fin du dernier siècle : il attire la foudre.

Le palais de l'Industrie, qui fut bâti aux Champs-Élysées en 1854, pour recevoir les produits de l'Exposition universelle, était, comme tous les édifices modernes, abondamment pourvu de pièces de construction métalliques. Sur l'étendue de trois hectares qu'il occupait, on avait élevé un édifice de 40 mètres de hauteur, où il entrait, depuis la base jusqu'au sommet, des masses énormes de fer, de fonte et de zinc. La compagnie qui avait entrepris d'élever ce vaste monument, consulta l'Académie des sciences sur les meilleures dispositions à donner aux paratonnerres qui seraient destinés à le protéger. La section de physique de l'Académie fut alors chargée de reviser l'instruction de Gay-Lussac, pour la mettre en harmonie avec les besoins nouveaux.

Rapporteur de cette section, M. Pouillet a composé un *Supplément à l'instruction de Gay-Lussac*, qui renferme quelques vues originales et assez importantes à connaître. L'Académie des sciences a revêtu ce travail de son approbation, comme elle avait approuvé celui de Gay-Lussac. C'est en prenant ces deux documents pour base, que nous allons exposer les principes et les règles qui doivent présider à la construction du paratonnerre, quand on veut donner à cet instrument toute son efficacité.

Un paratonnerre se compose d'une tige métallique pointue élevée dans l'air, et d'un conducteur métallique. Ce dernier descend de l'extrémité inférieure de la tige, pour aboutir dans une partie du sol occupée par une masse d'eau courante, ou communiquant avec une rivière ou un fort ruisseau.

Les conditions nécessaires pour que les paratonnerres produisent tout leur effet sont :

1° Que la pointe de la tige soit suffisamment aiguë, et cependant assez résistante pour n'être pas fondue par un coup de foudre ;

2° Que le conducteur communique parfaitement avec le sol ;

3° Que, depuis la pointe jusqu'à l'extrémité inférieure du conducteur, il n'existe aucune solution de continuité ;

4° Que toutes les parties de l'appareil aient des dimensions convenables.

Si ces conditions ne sont pas exactement remplies, le paratonnerre, au lieu de préserver un édifice, pourrait y occasionner des accidents graves.

Si sa pointe était trop émoussée, ou s'il existait dans la longueur du conducteur, une solution de continuité, l'électricité s'accumulerait dans la tige du paratonnerre, par l'influence des nuages orageux, et l'appareil se trouverait ainsi transformé en un corps conducteur chargé d'une grande masse d'électricité et isolé seulement en partie. Il constituerait donc un véritable réservoir d'une quantité considérable d'électricité, laquelle, se déchargeant presque inévitablement sur les corps voisins, produirait tous les effets d'une forte décharge électrique.

Un paratonnerre qui présente ce double défaut, dans la continuité du conducteur et dans sa communication avec le sol, est extrêmement dangereux, même dans le cas où il n'est pas frappé par la foudre. L'influence de l'électricité atmosphérique suffit, en effet, pour y concentrer une grande quantité de fluide, qui tend à se décharger latéralement sur tous les corps voisins. L'étincelle électrique, qui part alors de la tige métallique, imparfaitement isolée, peut frapper ces corps ou les enflammer. C'est par un effet de ce genre que périt, ainsi que nous l'avons raconté, le professeur

Richmann à Saint-Pétersbourg en 1753.

Voyons maintenant à quelles règles de construction il faut se conformer pour qu'un paratonnerre remplisse les conditions énumérées plus haut, pour qu'il jouisse de toute son efficacité protectrice.

La tige d'un bon paratonnerre a 9 mètres de longueur. Elle se compose, habituellement, de trois pièces ajoutées bout à bout, savoir : une barre de fer de $8^m,60$; — une baguette de laiton de $0^m,60$; — une aiguille de platine de $0^m,05$.

L'emploi du platine dans cette aiguille terminale, a pour but d'éviter l'oxydation, si l'on faisait simplement usage, pour former cette pointe, d'une tige de fer amincie, l'oxydation s'en emparerait promptement, et comme les oxydes métalliques sont de très-mauvais conducteurs de l'électricité, la conductibilité de la tige serait détruite en ce point, et par conséquent tout l'effet du paratonnerre serait manqué.

L'ensemble de ces trois tiges, liées entre elles, forme un cône, ou une pyramide, qui s'amincit régulièrement jusqu'au sommet, et dont la base a 5 centimètres de diamètre. L'aiguille de platine est fixée à la baguette de laiton avec de la soudure d'argent, et l'on entoure le point de la jonction, d'un petit manchon de cuivre.

Le conducteur de paratonnerre est une barre de fer, à section carrée, de 15 à 20 millimètres de côté, formée par la réunion, bout à bout, d'un nombre suffisant de ces barres de fer. Il faut apporter le plus grand soin dans le raccord de ces différentes barres métalliques, et éviter toute solution de continuité entre elles. S'il existait, en effet, une seule solution de continuité dans la longueur du conducteur, l'édifice serait exposé, comme nous l'avons indiqué plus haut, à recevoir une décharge atmosphérique.

L'instruction de Gay-Lussac, en 1823, prescrivait de raccorder les différentes parties du conducteur au moyen de boulons à vis. Dans l'instruction supplémentaire de 1855, on a prescrit, avec raison, pour mieux assurer la continuité métallique, d'entourer chaque point de jonction d'un bourrelet de soudure à l'étain. Les parties métalliques en contact sont, de cette manière, soustraites à l'action oxydante de l'air, et les solutions de continuité deviennent moins à craindre.

Louis Figuier

Pour maintenir le conducteur en place, tant sur les toits que le long des murs, on se sert de supports de fer, terminés par deux dents en forme de fourchette, entre lesquelles la tige du conducteur est fixée à l'aide d'une clavette.

Pour que la dissémination de l'électricité atmosphérique dans la masse du sol soit prompte et facile, il faut, avons-nous dit, que la partie inférieure du conducteur soit mise en communication avec un cours d'eau souterrain, d'une certaine importance. Le but de cette disposition n'est pas, comme le pense le vulgaire, de conduire le feu du ciel dans une masse d'eau, pour l'y éteindre, ainsi qu'on éteint le feu d'un incendie. La tige, d'un paratonnerre doit être mise en communication constante avec une masse d'eau, non pas stagnante comme celle d'une citerne, mais ayant un cours libre, comme celle d'une rivière ou d'un puits, afin que par sa communication facile avec la source d'où elle provient, ou le courant vers lequel elle se dirige, cette eau puisse porter et disséminer promptement dans la masse du sol l'électricité enlevée à l'atmosphère.

Pour amener le conducteur, de la base inférieure du mur de l'édifice jusqu'à la rivière ou au puits auquel il doit aboutir, on le fait passer au milieu d'une espèce de canal, à section carrée, construit en briques et rempli de braise de boulanger. Ce charbon interposé défend le conducteur du contact oxydant de l'air. En même temps, comme la braise de boulanger, c'est-à-dire le charbon très-longtemps calciné, est un des meilleurs conducteurs électriques que l'on connaisse, l'écoulement du fluide est beaucoup facilité.

Au lieu de faire plonger simplement l'extrémité du conducteur dans l'eau du puits, il est avantageux de le terminer par une large plaque de cuivre, qui, présentant plus de surface, donne un plus large écoulement au fluide électrique.

S'il n'existe pas de nappe d'eau dans les couches inférieures du sol, si l'on n'est à portée ni d'un puits ni d'une rivière, il faut prolonger la tranchée d'écoulement jusque dans un terrain humide. Enfin, si cette dernière condition elle-même ne se rencontre pas, il faut ramifier le conducteur principal. Pour cela, on soude à droite et à gauche, des branches de fer additionnelles, et l'on place chaque nouvelle branche dans une tranchée séparée, construite comme la tranchée du milieu. Les conducteurs latéraux font, en quelque sorte, l'office de veines que l'artère centrale doit alimenter.

En raison de la rigidité des barres de fer, il est souvent difficile de faire suivre au conducteur tous les contours des bâtiments. Pour échapper à cette difficulté, on a eu l'idée de remplacer les barres de fer par de véritables cordes métalliques. Dans ce cas, le mieux est de diviser la corde en torons indépendants, formés chacun par la réunion de quinze à vingt fils de cuivre. On goudronne chaque toron séparément, puis on les réunit tous ensemble pour en former une corde unique. Lorsqu'on emploie des cordes métalliques de préférence aux barreaux de fer, on ne saurait donner trop d'attention à l'attache des torons sur la base du paratonnerre. C'est ici qu'outre les boulons, l'emploi des bourrelets de soudure est indispensable. En effet, si un ou deux torons venaient à se séparer de la tige, l'électricité, ne trouvant plus dans les autres une suffisante issue, briserait le conducteur en mille morceaux, et l'intérieur de l'édifice pourrait bien être foudroyé.

Le rapport composé par Gay-Lussac en 1823, ou l'*Instruction sur les paratonnerres* publiée par l'Académie, est loin d'avoir vieilli. La nature des constructions a changé depuis cette époque, et il y a, sous ce rapport, un élément nouveau dont il faut tenir compte. Mais, à cette circonstance près, dont nous ferons la part plus loin, l'*Instruction de* 1823, outre qu'elle constitue une pièce historique de la plus grande importance, est et sera toujours consultée par les constructeurs, les architectes, les physiciens et les ouvriers chargés d'établir des paratonnerres.

C'est ce qui nous engage à reproduire ici, la *partie pratique* de ce document remarquable. Nous allons donc laisser parler ici Gay-Lussac, l'illustre auteur de l'*Instruction sur les paratonnerres*.

DÉTAILS RELATIFS À LA CONSTRUCTION DES PARATONNERRES.

Un paratonnerre est une barre métallique ABCDEF (fig. 282), s'élevant au-dessus d'un édifice, et descendant, sans aucune solution de continuité, jusque dans l'eau d'un puits ou dans un sol humide. On donne le nom de *tige* à la partie verticale BA, qui se projette dans l'air au-dessus du toit, et celui de *conducteur* à la portion de la barre, BCDEF, qui descend depuis le pied B de la tige jusque dans le sol.

De la tige,

La tige est une barre de fer carrée BA, amincie de sa base à son sommet, en forme de pyramide. Pour une hauteur de 7 à 9 mètres (21 à 27 pieds), qui est la hauteur moyenne des tiges qu'on place sur les grands édifices, on lui donne à sa base de 54 à 60 millimètres de coté (24 à 26 lignes) : on lui donnerait 63 millimètres (28 lignes) si elle devait s'élever à 10 mètres (30 pieds)[123].

Fig. 282.

Le fer étant très-exposé à se rouiller par l'action de l'eau et de l'air, la pointe de la tige serait bientôt émoussée ; pour obvier à cet inconvénient, on retranche de l'extrémité de la tige une longueur d'environ 55 centimètres, et on la remplace par une tige conique de cuivre jaune, dorée à son extrémité ou terminée par une petite aiguille de platine de 5 centimètres (2 pouces) de longueur[124]. L'aiguille de platine est soudée, à la soudure d'argent, avec la tige de cuivre ; et pour qu'elle ne puisse point s'en séparer, ce qui arriverait quelquefois malgré la soudure, on renforce l'ajustage par un petit manchon de cuivre. La tige de cuivre se réunit à la tige de fer au moyen d'un goujon qui entre à vis dans toutes deux ; il est d'abord fixé dans la tige de cuivre par deux goupilles à angle droit, et on le visse ensuite dans la tige de fer, dans laquelle il est aussi retenu par une goupille. On peut, sans aucune espèce d'inconvénient, ne point employer de platine et se contenter de la tige conique de cuivre, et même ne pas la dorer si l'on n'en a pas la facilité sur les lieux. Le cuivre ne s'altère pas profondément à l'air, et en supposant que sa pointe s'émoussât légèrement, le paratonnerre ne perdrait pas pour cela son efficacité.

Une tige de paratonnerre, de la dimension supposée, étant d'un transport difficile, on la coupe en deux parties, au tiers ou aux deux cinquièmes environ de sa longueur, à partir de sa base. La partie supérieure s'emboîte exactement, par un tenon pyramidal de 19 à 20 centimètres (7 à 8 pouces), dans la partie inférieure et une goupille l'empêche de s'en séparer. On doit cependant, autant qu'on le pourra, ne faire la tige que d'une seule pièce, parce qu'elle en aura plus de solidité.

Au bas de la tige, à 8 centimètres (3 pouces) du toit, est une embase soudée au corps même de la tige ; elle est destinée à rejeter l'eau de pluie qui coulerait le long de la tige, et à l'empêcher de s'infiltrer dans l'intérieur du bâtiment et de pourrir les bois de la toiture[125].

Immédiatement au-dessous de l'embase, la tige est arrondie sur une étendue d'environ 5 centimètres (2 pouces), pour recevoir un collier brisé à charnière, portant deux oreilles, entre lesquelles on serre l'extrémité du conducteur du paratonnerre, au moyen d'un boulon. Au lieu du collier, on peut faire un étrier carré qui embrasse étroitement la tige ; on en voit la projection verticale en Q, et le plan en R (fig. 283, 284), ainsi que la manière dont il se réunit avec le conducteur. Enfin on peut encore, pour diminuer le travail, souder un tenon T (*fig.* 285), à la place du collier ; mais il faut avoir soin de ne pas affaiblir la lige en cet endroit, qui est celui où elle doit opposer le plus de résistance, et le collier ou l'étrier sont préférables.

La tige du paratonnerre se fixe sur le toit des bâtiments, selon les localités. Si elle doit être posée au-dessus d'une ferme B (*fig.* 285 et 286), on perce le faîtage d'un trou dans lequel on fait passer le pied de la tige, et on l'assujettit contre le poinçon au moyen de plusieurs brides, comme on le voit dans la figure. Cette disposition est très-solide, et doit être préférée lorsque les localités le permettent.

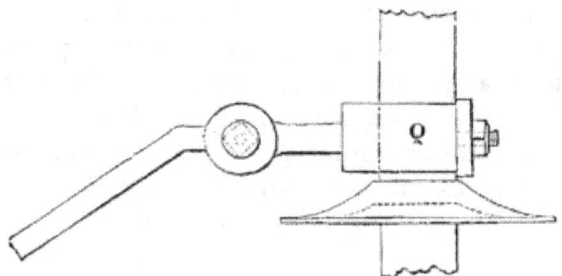

Fig. 283.

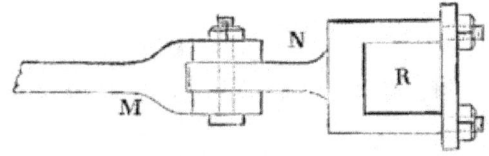

Fig. 284.

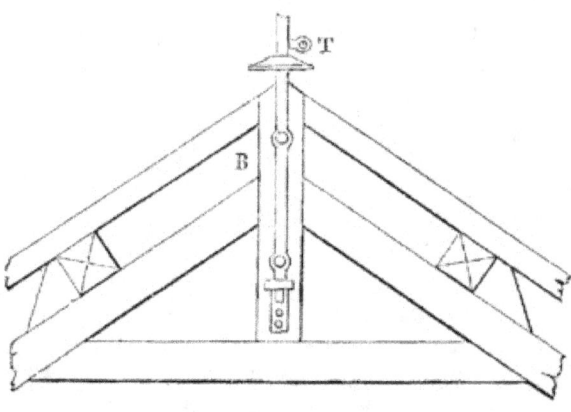

Fig. 285.

Lorsqu'on doit fixer la tige sur le faîtage en A (*fig.* 286), on le perce d'un trou carré de mêmes dimensions que le pied de la tige, et par-dessus et en dessous on fixe, avec quatre boulons ou deux étriers boulonnés qui embrassent et serrent le faîtage, deux plaques de fer de 2 centimètres (9 lignes) d'épaisseur, portant chacune un trou correspondant à celui fait dans le bois. La tige s'appuie par un petit collet sur la plaque supérieure, contre laquelle on la presse fortement au moyen d'un écrou se vissant sur l'extrémité de la tige contre la plaque inférieure ; la figure 287 montre le plan de l'une de ces plaques. Mais si l'on pouvait s'appuyer sur le lien CD (*fig.* 286), on souderait à la tige deux oreilles qui embrasseraient les faces supérieures et latérales du faîtage, et descendraient jusqu'au lien, sur lequel on les fixerait au moyen d'un boulon E.

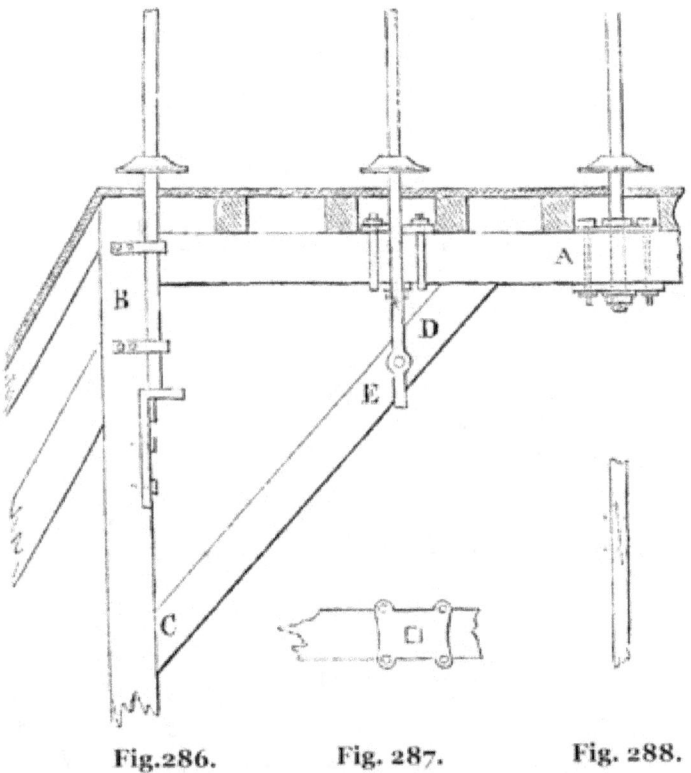

Fig. 286.   Fig. 287.   Fig. 288.

Enfin, si le paratonnerre devait être placé sur une voûte, on le terminerait par trois ou quatre empâtements ou par des contreforts qu'on scellerait dans la pierre, comme d'ordinaire, avec du plomb.

Louis Figuier

Du conducteur du paratonnerre.

Le conducteur du paratonnerre est, comme on l'a dit, une barre de fer, BCDEF ou BC'D'E'F' (*fig.* 282), partant du pied de la tige et se rendant dans le sol. On donne à cette barre de 15 à 20 millimètres (7 à 8 lignes) en carré ; mais 15 millimètres (7 lignes) sont réellement suffisants. On la réunit solidement à la tige en la pressant entre les deux oreilles du collier, au moyen d'un boulon, ou bien on la termine par une fourchette M (*fig.* 284), qui embrasse la queue N de l'étrier, et l'on boulonne les deux pièces ensemble.

Le conducteur ne pouvant être d'une seule pièce, pour le former on réunit plusieurs barres bout à bout. La meilleure manière est celle représentée par la figure 288. Il est soutenu à 12 ou 15 centimètres (5 ou 6 pouces) parallèlement au toit, par des crampons à fourche, auxquels, pour empêcher l'infiltration de l'eau par leur pied dans le bâtiment, on donne la forme suivante.

Au lieu de se terminer en pointe, ils ont une patte (*fig.* 289 et 290) formée par une plaque mince de 25 centimètres de long sur 4 de large, à l'extrémité de laquelle s'élève la tige du crampon, en faisant avec la plaque ou un angle droit (*fig.* 289), ou un angle égal à celui que forme le toit avec la verticale (*fig.* 290).

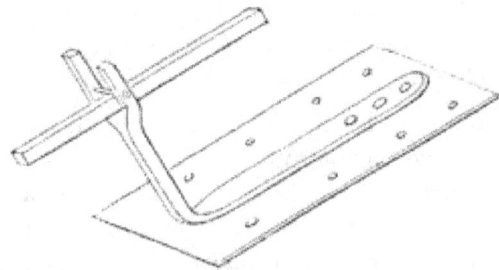

Fig. 289.

La patte se glisse entre les ardoises ; mais pour plus de solidité, on remplace par une lame de plomb l'ardoise sur laquelle elle reposerait, et l'on cloue ensemble au-dessus d'un chevron, cette lame et la patte du crampon. Le conducteur est retenu dans chaque fourchette par une goupille rivée, et les crampons sont placés à environ 5 mètres les uns des autres.

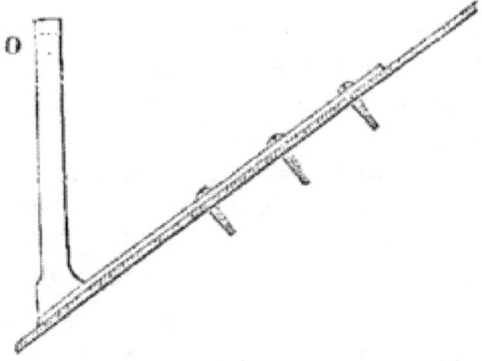

Fig. 290.

Le conducteur, après s'être replié sur la corniche du bâtiment (*fig.* 282) sans la toucher, s'applique contre le mur le long duquel il doit descendre dans le sol, et se fixe au moyen de crampons que l'on fiche ou que l'on scelle dans la pierre. Arrivé en D ou en D'dans le sol, à 50 ou 53 centimètres (18 ou 20 pouces) au-dessous de sa surface, il se recourbe perpendiculairement au mur suivant DE ou D'E', se prolonge dans cette nouvelle direction l'espace de 4 à 5 mètres (12 à 15 pieds), et s'enfonce ensuite dans un puits EF, ou dans un trou E'F' fait dans la terre, de la profondeur de 4 à 5 mètres (12 à 15 pieds), si l'on ne rencontre pas l'eau, mais de moins si on la rencontre plus tôt.

Le fer enfoncé dans le sol, en contact immédiat avec la terre et l'humidité, se couvre d'une rouille qui gagne peu à peu son centre et finit par le détruire. On évite cette altération en faisant courir le conducteur dans un auget rempli de charbon DE ou D'E', qu'on a représenté plus en grand dans la figure 291. On construit l'auget de la manière suivante :

Après avoir fait dans le sol, une tranchée de 55 à 60 centimètres (20 à 22 pouces) de profondeur, on y pose un rang de briques à plat, sur le bord desquelles on en place d'autres de champ ; on met une couche de braise de boulanger de l'épaisseur de 3 à 4 centimètres (1 à 1 ½ pouce) sur les briques du fond ; on pose le conducteur DE par-dessus ; on achève de remplir l'auget de braise, et on le ferme par un rang de briques. La tuile, la pierre ou le bois peuvent également être employés pour former l'auget. On a l'expérience que le fer, ainsi enveloppé de charbon, n'éprouve aucune altération dans l'espace de trente années. Mais le charbon n'a pas seulement l'avantage d'empêcher le fer de se rouiller dans la terre ; comme il conduit très-bien la matière électrique quand il a été rougi (et c'est pour cela que nous avons recommandé d'employer la braise de boulanger), il facilite l'écoulement de la foudre dans le sol.

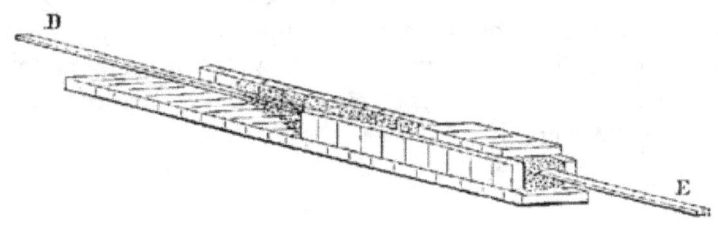

Fig. 291.

Le conducteur, sortant de l'auget dont on vient de parler, perce le mur du puits dans lequel il doit descendre et s'immerge dans l'eau de manière à y rester plongé de 65 centimètres (2 pieds) au moins dans les plus basses eaux. Son extrémité se termine ordinairement par deux ou trois racines, pour faciliter l'écoulement de la matière électrique du conducteur dans l'eau. Si le puits est placé dans l'intérieur du bâtiment, on percera le mur de ce dernier au-dessous du sol, et l'on dirigera par l'ouverture qu'on aura faite le conducteur dans le puits.

Lorsqu'on n'a pas de puits à sa disposition pour y faire descendre le conducteur du paratonnerre, on fait dans le sol, avec une tarière de 13 à 16 centimètres (5 à 6 pouces) de diamètre, un trou de 3 à 5 mètres (9 à 15 pieds) de profondeur ; on y fait descendre le conducteur en le tenant à égale distance de ses parois, et l'on remplit l'espace intermédiaire avec de la braise que l'on comprime autant que possible. Mais, lorsqu'on voudra ne rien épargner pour établir un paratonnerre, nous conseillons de creuser un trou beaucoup plus large E′F′ (*fig.* 282), au moins de 5 mètres de profondeur, à moins qu'on ne rencontre l'eau plus tôt, de terminer l'extrémité du conducteur par plusieurs racines, de les envelopper de charbon si elles ne plongent pas dans l'eau et d'en entourer de même le conducteur au moyen d'un auget de bois que l'on emplira.

Dans un terrain sec, comme, par exemple, dans un roc, on donnera à la tranchée qui doit recevoir le conducteur une longueur au moins double de celle qui a été indiquée pour un terrain ordinaire, et même davantage, s'il était possible d'arriver jusque dans un endroit humide. Si les localités ne permettent pas d'étendre la tranchée en longueur, on en fera d'autres transversales, comme on le voit en A (*fig.* 292 et 293), dans lesquelles on placera de petites barres de fer entourées de braise, que l'on fera communiquer avec le conducteur. Dans tous les cas, l'extrémité de ce dernier doit s'enfoncer dans un large trou, s'y diviser en plusieurs racines et être recouvert de braise ou de charbon qui aura été rougi.

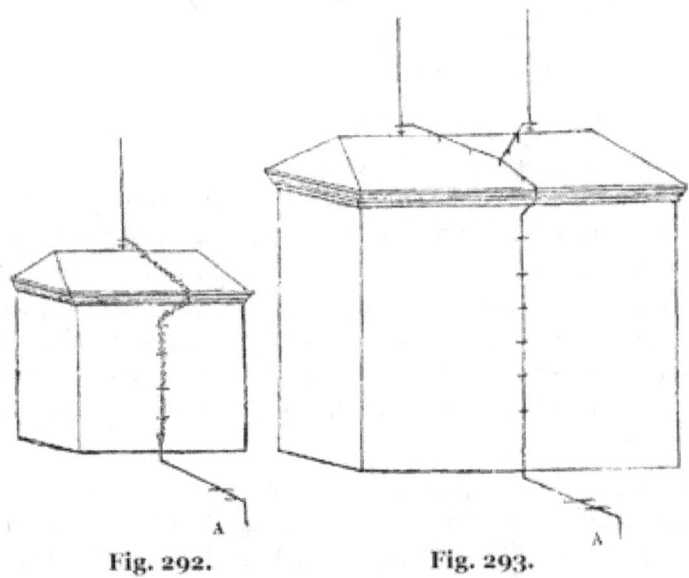

Fig. 292.　　　　　　Fig. 293.

En général, on doit faire les tranchées pour le conducteur dans l'endroit le plus humide autour du bâtiment, les placer par conséquent dans les lieux les plus bas, et diriger au-dessus les eaux pluviales, afin de les tenir dans un état plus constant d'humidité. On ne saurait trop prendre de précautions pour procurer à la foudre un prompt écoulement dans le sol, car c'est principalement de cette circonstance que dépend l'efficacité des paratonnerres.

Les barres de fer qui forment le conducteur présentant, en

raison de leur rigidité, quelque difficulté pour leur faire suivre les contours d'un bâtiment, on a imaginé de les remplacer par des cordes métalliques qui, indépendamment de leur flexibilité, ont encore l'avantage d'éviter les raccords et de diminuer les chances de solution de continuité. On réunit quinze fils de fer pour faire un toron, et quatre de ces torons forment la corde, qui alors a 16 ou 18 millimètres (7 à 8 lignes) de diamètre. Pour prévenir sa destruction par l'air et l'humidité, chaque toron est goudronné séparément, et la corde l'est ensuite avec beaucoup de soin. On l'attache à la tige du paratonnerre de la même manière que le conducteur fait avec des barres de fer, c'est-à-dire qu'on la pince fortement au moyen d'un boulon entre les deux oreilles du collier B (*fig.* 294), qui sont un peu concaves et hérissées de quelques pointes pour mieux embrasser et retenir la corde. Les crampons qui la supportent sur le toit, au lieu d'être terminés en fourche, le sont par un anneau O (*fig.* 290), dans lequel passe la corde. Parvenue à 2 mètres (6 pieds) du sol, on la réunit à une barre de fer de 45 à 25 millimètres (6 à 9 lignes) en carré qui termine le conducteur, comme on le voit en C (*fig.* 295) ; car dans le sol, la corde serait promptement détruite.

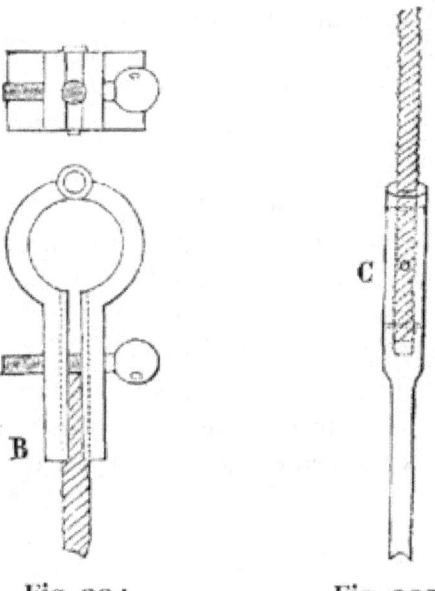

Fig. 294.   Fig. 295.

On assure que des cordes ainsi employées n'ont pas éprouvé d'altération sensible dans l'espace de trente années. Néanmoins, comme il est incontestable que les barres de fer bien assemblées sont beaucoup moins destructibles, nous conseillerons de leur donner la préférence autant qu'on le pourra. Si les localités obligeaient à employer des cordes, on pourrait les faire en fil de cuivre ou de laiton, qui est beaucoup moins destructible et qui, étant aussi meilleur conducteur, permettrait de ne donner aux cordes que 16 millimètres (6 lignes) de diamètre. C'est surtout pour les clochers que les cordes métalliques peuvent être d'une grande utilité, à cause de la facilité de leur pose.

Si le bâtiment que l'on arme d'un paratonnerre renferme des pièces métalliques un peu considérables, comme des lames de plomb qui recouvrent le faîtage et les arêtes du toit, des gouttières de métal, de longues barres de fer pour assurer la solidité de quelque partie du bâtiment, il sera nécessaire de les faire toutes communiquer avec le conducteur du paratonnerre ; mais il suffira d'employer pour cet objet des barres de 8 millimètres (3 lignes) de côté ou du fil de fer d'un égal diamètre. Si cette réunion n'avait pas lieu et que le conducteur renfermât quelque solution de continuité, ou qu'il ne communiquât pas très-librement avec le sol, il serait possible que la foudre se portât avec fracas du paratonnerre sur quelqu'une des parties métalliques. Plusieurs accidents ont eu lieu par cette cause ; nous en avons cité deux exemples au commencement de cette Instruction [126].

Paratonnerres pour les églises.

Le paratonnerre dont on vient de donner les détails de construction, et que l'on a pris pour type, est applicable à toute espèce de bâtiments, aux tours, aux dômes, aux clochers et aux églises, avec de très-légères modifications.

Sur une tour, la tige du paratonnerre doit s'élever de 5 à 8 mètres (15 à 24 pieds), suivant l'étendue de sa plate-forme ; 5 mètres suffiront pour les plus petites et 8 pour les plus grandes.

Louis Figuier

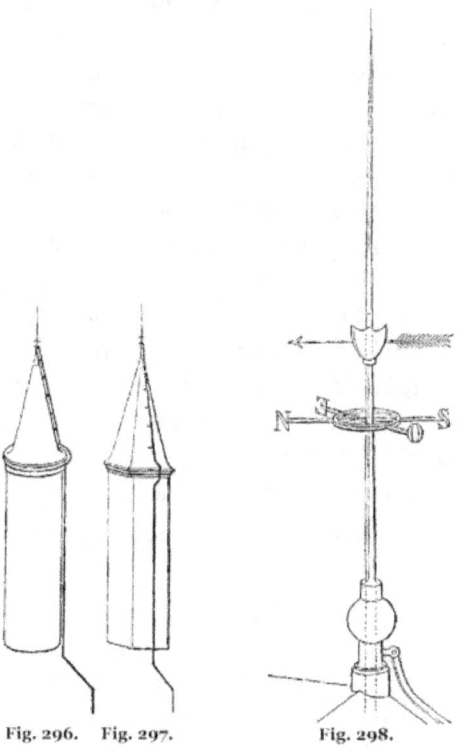

Fig. 296. Fig. 297. Fig. 298.

Les dômes et les clochers, dominant ordinairement de beaucoup les objets circonvoisins, un paratonnerre placé à leur sommet en tire un très-grand avantage pour étendre son influence au loin, et n'a pas besoin, pour les protéger, de s'élever à la même hauteur que sur les édifices terminés par un toit très-étendu. D'un autre côté, l'impossibilité d'établir solidement des tiges de 7 à 8 mètres (21 à 24 pieds) sur les dômes et les clochers, sans des dépenses considérables, doit faire renoncer à en employer dans ces dimensions. Nous conseillons donc, pour ces édifices, et surtout pour ceux dont le sommet est d'un accès difficile, de n'employer que des tiges minces, s'élevant de 1 à 2 mètres (3 à 6 pieds) au-dessus des croix qui les terminent. Ces tiges étant alors très-légères, il sera facile de les fixer solidement à la tête des croix, sans que la forme de ces dernières paraisse altérée de loin et sans que le mouvement des girouettes qu'elles portent ordinairement en soit gêné Nous pensons même que pour peu qu'on éprouve des difficultés à placer ces tiges sur un dôme ou sur un clocher, on peut les supprimer entièrement. Il suffira, pour défendre ces édifices des atteintes de la foudre, d'établir comme pour le cas où ils sont armés de tiges, une communication très-intime entre le pied de chaque croix et le sol. Cette disposition, qui est très-peu dispendieuse et qui offre également une très-grande sûreté, sera surtout avantageuse pour les clochers des petites communes rurales. La figure 296, représente un clocher sans tige de paratonnerre, dont la croix est en communication avec le sol, ou un conducteur partant de son pied, et la figure 297 offre un clocher surmonté d'une tige attachée à sa croix. Quant aux églises, lorsqu'elles ne seront pas protégées par le paratonnerre de leur clocher, il sera nécessaire de les armer avec les tiges de 5 à 8 mètres (15 à 24 pieds) de haut, semblables à celle qui a été décrite pour un édifice aplati[127].

Paratonnerre pour les magasins à poudre et les poudrières

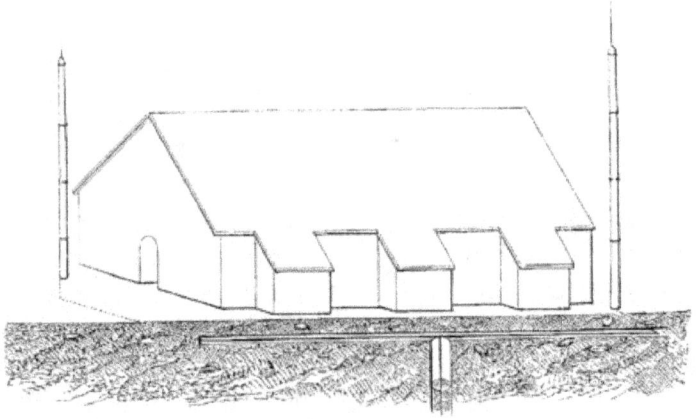

Fig. 299.

La construction des paratonnerres pour les magasins à poudre et les poudrières ne diffère pas essentiellement de celle qui a été décrite comme type pour toute espèce de bâtiment ; on doit seulement redoubler d'attention pour éviter la plus légère solution de continuité et ne rien épargner pour établir entre la tige du paratonnerre et le sol la communication la plus intime. Toute solution de continuité donnant lieu, en effet, à une étincelle, le pulvérin qui voltige et se dépose partout dans l'intérieur et même à l'extérieur de ces bâtiments, serait enflammé et pourrait propager son inflammation jusqu'à la poudre.C'est par ce motif qu'il serait très-prudent de ne point placer les tiges sur les bâtiments mêmes, mais bien sur des mâts qui en seraient éloignés de 2 à 3 mètres (*fig.* 299). Il sera suffisant de donner aux tiges 2 mètres de longueur ; mais on donnera aux mâts une hauteur telle, qu'avec leurs tiges ils dominent les bâtiments au moins de 4 à 5 mètres. On fera aussi très-bien de multiplier les paratonnerres plus qu'on ne le ferait partout ailleurs, car ici les accidents sont des plus funestes. Si le magasin était très-élevé, comme, par exemple, une tour, les mâts seraient d'une construction difficile et dispendieuse pour leur donner la solidité : on se contenterait, dans ce cas, d'armer le bâtiment d'un double conducteur ABC (*fig.* 301), sans tige de paratonnerre, qu'on pourrait faire en cuivre.

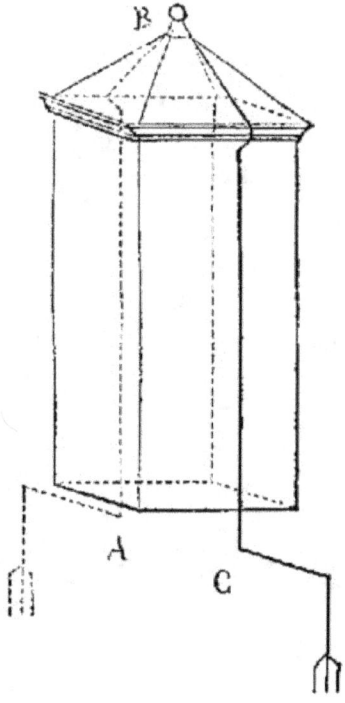

Fig. 301.

Ce conducteur, n'étendant pas son influence au delà du bâtiment, ne pourrait attirer la foudre de loin, et il aurait cependant l'avantage de garantir le bâtiment de ses atteintes s'il en était frappé ; de sorte que ceux-là mêmes qui rejettent les paratonnerres, parce qu'ils croient qu'ils déterminent la foudre à tomber sur un bâtiment qu'elle eût épargné sans eux, ne pourraient faire aucune objection fondée contre la disposition qui vient d'être indiquée. On pourrait armer d'une manière semblable un magasin ordinaire ou tout autre bâtiment (*fig.* 302). À défaut de paratonnerres, des arbres élevés, disposés autour des bâtiments à 5 ou 6 mètres de leurs faces, les défendent efficacement de la chute de la foudre.

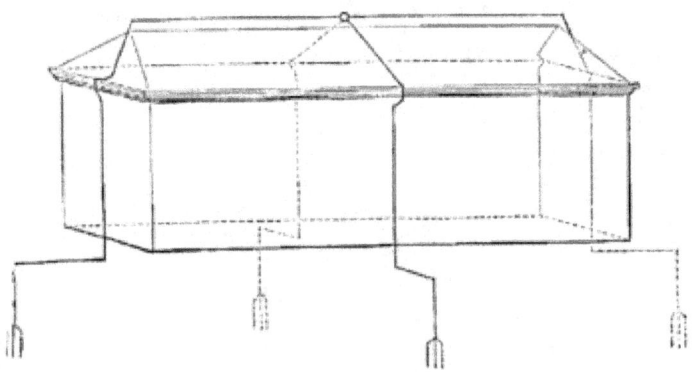

Fig. 302.
Paratonnerres pour les bâtiments de mer.

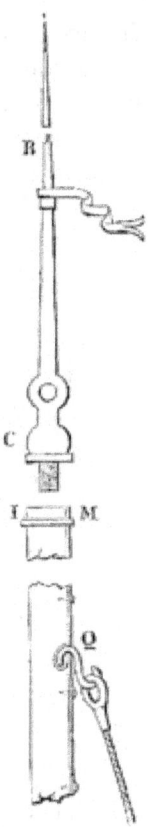

Fig. 303.Pour un vaisseau la tige du paratonnerre se réduit à la partie de cuivre qui a été décrite pour le paratonnerre type. Cette tige est vissée sur une verge de fer ronde CB (*fig.* 303), qui entre dans l'extrémité I de la flèche du mât de perroquet, et qui porte une girouette. Une barre de fer MQ, liée au pied de la verge, descend le long de la flèche et se termine par un crochet ou anneau Q, auquel s'attache le conducteur du paratonnerre, qui est ici une corde métallique ; celle-ci est maintenue de distance en distance à un cordage, et, après avoir passé dans un anneau fixé au porte-hauban, elle se réunit à une barre ou plaque de métal qui communique avec le doublage de cuivre du vaisseau. Sur les bâtiments de peu de longueur, on n'établit ordinairement qu'un paratonnerre au grand mât ; sur les autres, on en met un second au mât de misaine.

Disposition générale des paratonnerres sur un édifice.

On admet, d'après l'expérience, qu'une tige de paratonnerre protège efficacement contre la foudre autour d'elle un espace circulaire d'un rayon double de sa hauteur. Ainsi, d'après cette règle, un bâtiment de 20 mètres (60 pieds) en longueur ou en carré n'aurait besoin, pour être défendu, que d'une seule tige de 5 à 6 mètres (15 à 18 pieds) de hauteur, élevée sur le milieu de son toit (*fig.* 292 et 304).

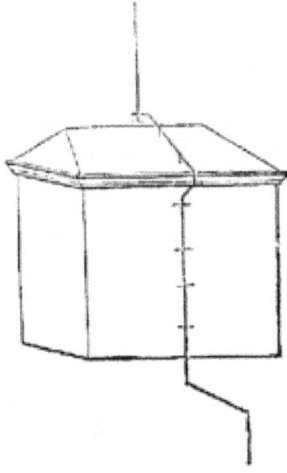

Fig. 304. Dans la figure 292, le conducteur est une corde métallique.

Un bâtiment de 40 mètres (120 pieds), d'après la même règle, serait défendu par une tige de 10 mètres (30 pieds), et l'on en place effectivement de semblables ; mais il serait préférable, au lieu d'une seule tige, d'en élever deux de 5 à 6 mètres (15 à 18 pieds de hauteur), et de les disposer de manière que l'espace autour d'elles fût également protégé de toutes parts, ce à quoi l'on parviendrait en les plaçant chacune à 10 mètres (30 pieds) de l'extrémité du bâtiment, et par conséquent à 20 mètres (60 pieds) l'une de l'autre (*fig.* 293). Pour trois ou un plus grand nombre de paratonnerres, on suivrait la même règle.

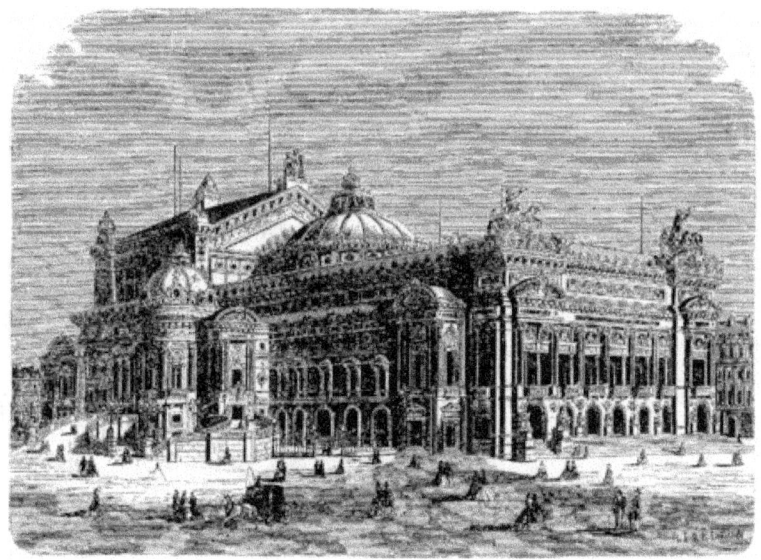

Fig. 300. — Le nouvel Opéra de Paris et ses paratonnerres.

Les paratonnerres des tours et des clochers, en raison de leur grande élévation, doivent certainement étendre leur sphère d'action plus loin que s'ils étaient moins élevés ; mais cette action s'étend-elle, comme on l'a supposé pour des tiges de 5 à 10 mètres : à une distance double de la hauteur de leur pointe au-dessus des objets qu'ils dominent ? Il est possible qu'elle s'étende même plus loin ; mais l'expérience ne nous ayant encore rien appris à cet égard, il sera prudent d'armer les églises de paratonnerres, en admettant que ceux des clochers ne protègent efficacement autour d'eux qu'un espace d'un rayon égal à leur hauteur au-dessus du faîtage de leur toit. Ainsi le paratonnerre d'un clocher, s'élevant de 30 mètres au-dessus du toit d'une église, ne le défendrait plus à 30 mètres de l'axe du clocher, et si le toit s'étendait au delà, il serait nécessaire d'y placer les paratonnerres, d'après la règle que nous avons prescrite pour les édifices peu élevés (*fig.* 305 et 306).

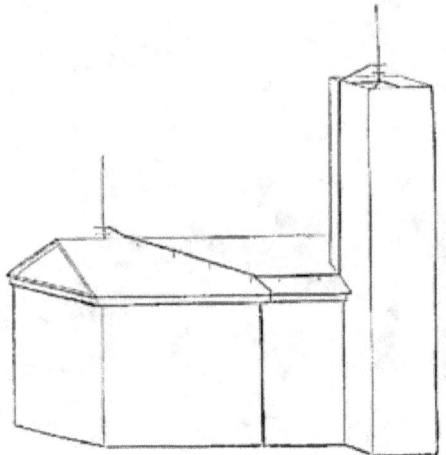

Fig. 305.

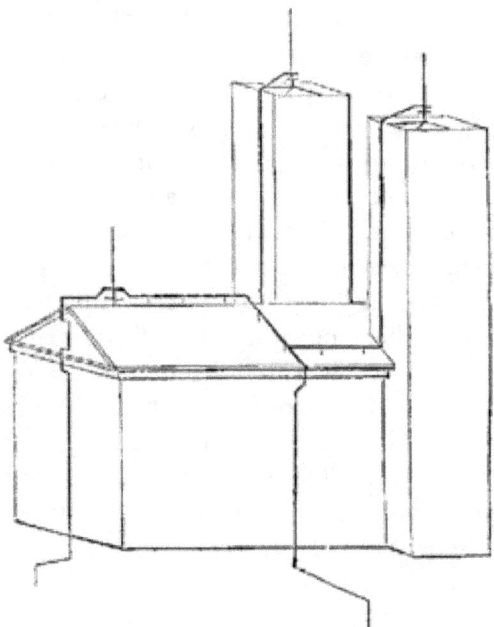

Fig. 306.

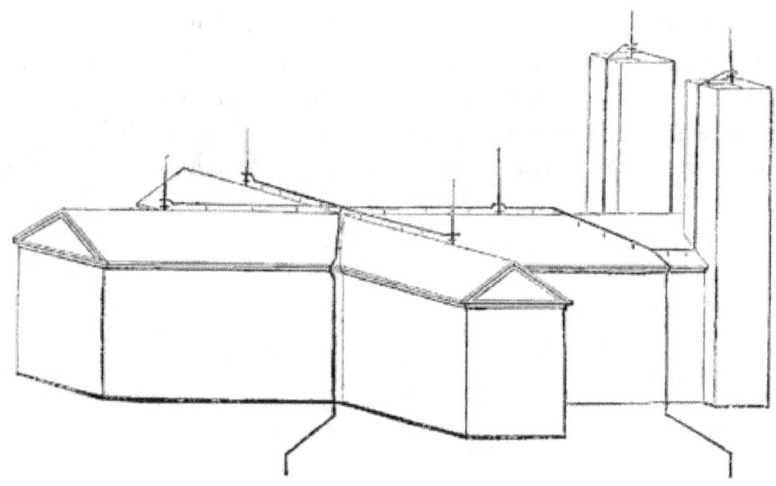

Fig. 307.

Disposition générale des conducteurs des paratonnerres.

Quoique nous ayons déjà beaucoup insisté sur la condition d'établir une communication très-intime entre la tige des paratonnerres et le sol, son importance nous détermine à la rappeler encore.

Elle est telle que, si elle n'était pas remplie, non-seulement les paratonnerres perdraient beaucoup de leur efficacité, mais que même ils pourraient devenir dangereux, en appelant la foudre sur eux, quoique dans l'impuissance de la conduire dans le sol.

Les autres conditions dont il nous reste à parler sont sans doute moins essentielles que cette dernière, mais elles n'en méritent pas moins qu'on y ait égard. On doit toujours faire parvenir la foudre, depuis la tige du paratonnerre jusque dans le sol, par la voie la plus courte.

Conformément à ce principe, lorsqu'on placera deux paratonnerres sur un édifice, et qu'on leur donnera un conducteur commun, ce qui est, en effet, suffisant, on fera concourir en un point sur le toit, à égale distance de chaque tige, les portions des conducteurs qui ne peuvent être communes, et, à partir de ce point, une barre de fer, de la même dimension que pour un seul paratonnerre, servira de conducteur aux deux (*fig.* 293 et 303).

Lorsqu'on aura trois paratonnerres sur un édifice, il sera prudent de leur donner deux conducteurs (*fig.* 306), En général, chaque paire de paratonnerres exige un conducteur particulier.

Quel que soit le nombre des paratonnerres placés sur un édifice, on les rendra tous solidaires, en établissant une communication intime entre les pieds de toutes leurs tiges, au moyen de barres de fer de mêmes dimensions que celles des conducteurs (*fig.* 306, 307, 308).

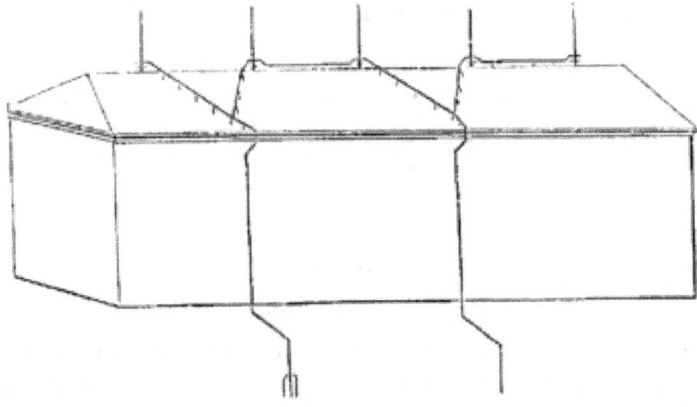

Fig. 308.

Lorsque les localités le permettront, on placera les conducteurs sur les murs des bâtiments qui font face au côté d'où viennent le plus fréquemment les orages dans chaque lieu. En effet, ces murs étant exposés à être mouillés par la pluie, deviennent des conducteurs, quoique imparfaits, en raison de la mince nappe d'eau qui les couvre ; et si le conducteur du paratonnerre n'était pas en communication intime avec le sol, il serait possible que la foudre l'abandonnât pour se précipiter sur la face mouillée. Un autre motif encore, c'est que la direction de la foudre peut être déterminée par celle de la pluie, et qu'en outre la face mouillée peut, comme conducteur, appeler la foudre de préférence au paratonnerre. C'est surtout pour les clochers que cette observation est importante, et qu'il est nécessaire d'y avoir égard.

Observations sur l'efficacité des paratonnerres.

Une expérience de cinquante années sur l'efficacité des

paratonnerres démontre que, lorsqu'ils ont été construits avec les soins convenables, ils garantissent de la foudre les édifices sur lesquels ils sont placés. Dans les États-Unis d'Amérique, où les orages sont beaucoup plus fréquents et plus redoutables qu'en Europe, leur usage est devenu populaire ; un très-grand nombre de bâtiments ont été foudroyés, et l'on en cite à peine deux qu'ils n'aient pas mis entièrement à l'abri des atteintes de la foudre. Tout le monde sait que les parties métalliques, sur un édifice, sont frappées de préférence par la foudre, et ce fait seul démontre l'efficacité des paratonnerres, qui ne sont que des barres métalliques disposées de la manière la plus avantageuse, d'après les connaissances acquises sur la matière électrique par la théorie et l'expérience. La crainte d'une chute plus fréquente de la foudre sur les édifices armés de paratonnerres n'est pas fondée, car leur influence s'étend à une trop petite distance pour qu'on puisse croire qu'ils déterminent la foudre d'un nuage à se précipiter dans le lieu où ils sont établis. Il paraît au contraire certain, d'après l'observation, que les édifices armés de paratonnerres ne sont pas foudroyés plus fréquemment qu'avant qu'ils le fussent. D'ailleurs la propriété d'un paratonnerre d'attirer plus fréquemment la foudre supposerait aussi celle de la transmettre librement dans le sol, et dès lors il ne pourrait en résulter aucun inconvénient pour la sûreté des édifices.

Nous avons recommandé l'usage des pointes aiguës pour les paratonnerres, parce qu'elles ont l'avantage, sur les barres arrondies à leur extrémité, de verser continuellement dans l'air, sous l'influence du nuage orageux, un torrent de matière électrique de nature contraire à la sienne, qui doit très-probablement se diriger vers celle du nuage, et en partie la neutraliser. Cet avantage n'est point du tout à négliger ; car il suffit de connaître le pouvoir des pointes, et les expériences de Charles et de Romas avec un cerf-volant sous un nuage orageux, pour rester convaincu que les paratonnerres en pointe, s'ils étaient plus multipliés et placés sur des lieux élevés, diminueraient réellement la matière électrique des nuages et la fréquence de la chute de la foudre sur la surface de la terre.

Cependant, lorsque la pointe d'un paratonnerre aura été émoussée par la foudre ou par une cause quelconque, il ne faudra pas croire, parce qu'elle aura perdu l'avantage dont on vient de parler, qu'elle ait aussi perdu son efficacité pour protéger le bâtiment qu'elle est destinée à défendre. Le docteur Ritenhouse rapporte qu'ayant souvent examiné et passé en revue, avec un excellent télescope de réflexion, les pointes des paratonnerres de Philadelphie, où ils sont en grand nombre, il en a vu beaucoup dont les pointes étaient fondues ; mais qu'il n'a jamais appris que les maisons où ces paratonnerres étaient établis eussent été frappées de la foudre depuis la fusion de leurs pointes. Or cela n'aurait pas manqué d'arriver à quelques-unes, au moins au bout d'un certain temps, si leurs paratonnerres n'avaient pas continué de bien faire leurs fonctions ; car on sait, par nombre d'observations, que, lorsque le tonnerre est tombé en quelque endroit, il n'est pas rare de l'y voir retomber encore.

Pour que le fruit que l'on doit retirer de l'établissement des paratonnerres soit aussi grand que possible, et que l'on puisse profiter de l'expérience acquise sur une localité, pour la faire tourner à l'avantage général, nous formons le vœu que Son Excellence le Ministre de l'Intérieur, après avoir ordonné l'exécution d'une mesure réclamée depuis longtemps, et dont elle sent toute l'utilité, invite les autorités locales à lui transmettre fidèlement tous les renseignements relatifs à la chute de la foudre sur un édifice armé de paratonnerre. Ces renseignements seraient la source d'améliorations importantes, et contribueraient, en faisant connaître les avantages d'un préservatif aussi simple et aussi sûr, à en rendre l'adoption plus générale.

Telle est l'instruction de 1823. Nous résumerons maintenant les modifications qui ont été apportées aux préceptes qu'elle trace, ou plutôt les additions qui y ont été faites en 1854, et qui ont été développées dans un rapport présenté par M. Pouillet et adopté par l'Académie des sciences de Paris, dans la séance du 18 décembre 1854.

Les modifications les plus dignes d'être notées que l'instruction de M. Pouillet a apportées à celle de Gay-Lussac, se réduisent à quatre points principaux : 1° la manière d'établir la conductibilité métallique ; 2° la dimension en largeur à donner aux conducteurs ; 3° les dimensions de la pointe ; 4° la substitution du cuivre au platine pour former la pointe du paratonnerre.

Louis Figuier

En ce qui concerne la continuité métallique du conducteur, M. Pouillet n'admet de continuité assurée que celle qui existe entre des métaux soudés. Il est en outre important, selon lui, de ne pas multiplier inutilement les soudures. M. Pouillet a donc posé les deux règles suivantes :

Diminuer le plus possible le nombre des joints sur la longueur entière du paratonnerre, depuis la pointe jusqu'au sol.

Souder à l'étain tous ceux de ces joints que la forme des pièces oblige à faire sur place. Ces soudures à l'étain, qui devront toujours occuper des surfaces d'au moins 10 centimètres carrés, seront en outre consolidées par des vis, des boulons ou des manchons.

Une troisième règle à laquelle M. Pouillet attache aussi de l'importance, est de ne pas effiler autant qu'on le fait en général le sommet de la tige du paratonnerre. Voici la raison de ce changement. Un paratonnerre est destiné à agir de deux manières différentes. Le plus souvent, le nuage qui porte la foudre s'avance progressivement, des actions électriques se produisent peu à peu, et en vertu du pouvoir des pointes la neutralisation s'opère lentement et en silence. Mais aussi il peut arriver que le nuage se trouve presque instantanément en présence du paratonnerre, et alors il est nécessaire qu'il soit muni d'une pointe plus solide et capable de résister à la fusion qu'un afflux considérable du fluide électrique ne manquerait pas d'opérer. C'est pour éviter cet accident, qui n'est pas sans exemple, que M. Pouillet conseille de renforcer l'extrémité terminale du paratonnerre en augmentant l'angle d'ouverture du cône qui forme sa pointe.

Mais nous devons faire observer que tous les physiciens n'ont pas goûté cette dernière idée et que l'on recommande généralement de faire des pointes fort effilées.

En proposant de substituer le cuivre au platine pour former la pointe du paratonnerre, M Pouillet se fonde sur la meilleure conductibilité du cuivre pour l'électricité et la chaleur. Le cuivre est rangé, avec l'or et l'argent, parmi les meilleurs conducteurs de la chaleur et de l'électricité. Une pointe de cuivre, sous l'influence d'un courant électrique ou d'un coup de foudre, s'échauffera donc beaucoup moins qu'une pointe de platine, et ne pourra, presque dans aucun cas, entrer en fusion. La dépense moindre, la facilité de construire en tous lieux et par les ouvriers ordinaires de toutes les localités cette partie de l'appareil, a paru à M. Pouillet une autre raison de préférer le cuivre au platine.

Fig. 309 — M. Pouillet.

Examinons maintenant un point dont nous n'avons rien dit encore : c'est le nombre des paratonnerres à établir sur un édifice de dimensions données, en d'autres termes, la question de savoir quelle est la surface de toit que peut protéger une seule tige de paratonnerre.

On admettait, à la fin du dernier siècle, que le cercle de protection d'un paratonnerre avait pour rayon, le double de la hauteur de sa tige, c'est-à-dire qu'un paratonnerre de 10 mètres de hauteur, par exemple, étendait son influence sur un cercle dont le rayon a 20 mètres, et par conséquent la circonférence environ 125 mètres. Cette règle avait été posée par le physicien Charles, parce qu'il avait eu plus d'une fois l'occasion de remarquer que la foudre avait frappé des points situés à une distance du paratonnerre double de la longueur de sa tige. L'instruction de Gay-Lussac, en 1823, lui donna une consécration officielle. Elle est pourtant loin d'être certaine, et il ne faudrait pas lui accorder plus de confiance qu'elle n'en mérite.

L'étendue de la surface protégée par un paratonnerre dépend d'une foule de circonstances, qu'il n'est pas toujours facile d'apprécier. Elle dépend d'abord de la hauteur de l'édifice par rapport aux constructions environnantes. Elle varie encore selon la nature des matériaux qui entrent dans la construction de l'édifice. Il n'est pas douteux, par exemple, que la surface protégée par un paratonnerre ne soit moindre, quand l'édifice a une couverture de zinc, que lorsque son toit est formé de tuiles ou d'ardoises. Sur un bâtiment à couverture de métal, il faudrait donc rapprocher davantage les paratonnerres. Au palais de l'Industrie, à Paris, il existait une distance d'environ 40 mètres entre ceux qui correspondaient à la galerie centrale et ceux de la galerie rectangulaire. Les tiges de ces instruments ayant 7 mètres de hauteur, on voit que l'on ne s'était pas conformé, dans cette circonstance, à la règle posée par le physicien Charles ; pour s'y astreindre, il aurait fallu placer une tige de paratonnerre à la distance de 28 mètres. On voit donc que la règle dont nous parlons, posée d'une manière assez arbitraire, peut être restreinte ou étendue selon les circonstances, et qu'il faut surtout considérer ici la nature des matériaux de l'édifice et son élévation au-dessus des constructions environnantes.

Après ces indications générales relatives à l'établissement des paratonnerres, passons aux précautions que leur construction exige dans chaque cas particulier.

EGLISES. — Sur le clocher d'une église, la tige du paratonnerre doit s'élever de 5 à 8 mètres, selon l'étendue de la plate-forme du clocher ; une hauteur de 8 mètres suffit pour les plus larges tours, et de 2 mètres pour les plus petites. Si l'église est couronnée par un dôme, ou si elle est surmontée d'une tour, d'un clocher, c'est au sommet de ces parties de l'édifice, qu'il faut placer la tige de l'instrument. Comme il est souvent difficile d'élever à la pointe d'un clocher une tige de fer de 5 à 8 mètres, on a coutume d'employer des tiges plus courtes. Quelquefois même, si le clocher se termine par une croix de fer, on supprime la tige, en plaçant l'aiguille de platine sur la branche verticale de la croix, et l'on fait communiquer le conducteur avec le pied de cette croix. Cette croix fait alors l'office de tige, ce qui n'a point d'inconvénient, en raison de la grande hauteur de l'édifice par rapport aux constructions qui l'environnent.

MAGASINS À POUDRE. — On a jugé qu'il serait imprudent de faire passer le conducteur dans l'intérieur d'un bâtiment servant à emmagasiner la poudre. Une solution de continuité dans ce conducteur, accident dont on ne peut toujours répondre, suffit pour donner des étincelles électriques entre les bouts disjoints du conducteur ; et une étincelle, si faible qu'elle soit, pourrait enflammer le pulvérin qui flotte souvent dans l'intérieur d'un magasin à poudre. C'est donc à l'extérieur de ces bâtiments que l'on place les paratonnerres, au-dessus d'un mât, qui en est éloigné de 1 à 2 mètres.

Il est bon, dans ce cas particulier, d'aller au delà des précautions habituelles et de multiplier le nombre des paratonnerres.

MONUMENTS DANS LA CONSTRUCTION DESQUELS IL ENTRE DE GRANDES MASSES DE MÉTAL. — Lorsque de grandes quantités de pièces métalliques sont entrées dans la construction d'un édifice, quand le fer, le zinc ou la fonte ont été largement employés pour les toitures, les charpentes, le tablier des plafonds, les tirants de consolidation, etc., il faut mettre toutes ces masses en communication avec le conducteur du paratonnerre. Pour établir ces communications, des barres de fer de 8 millimètres de section suffisent amplement.

Si le monument occupe une grande étendue, et qu'on doive le munir de plusieurs paratonnerres, il faut, de plus, faire communiquer tous les paratonnerres entre eux. En un mot, il faut rendre toutes les parties métalliques de l'édifice, solidaires les unes des autres. Il est bon, enfin, d'employer des conducteurs d'une très-large section, afin que l'électricité trouve toujours et partout un écoulement prompt et facile.

VAISSEAUX. — Le cuivre rouge a une grande supériorité sur le fer et le laiton, dont on fait trop souvent usage pour composer le câble formant le conducteur du paratonnerre, le cuivre est moins altérable sous l'influence des agents atmosphériques, et surtout comme il conduit trois fois plus facilement l'électricité que le fer, il peut être employé avec une section trois fois plus petite qu'un conducteur de fer. Dans le rapport de M. Pouillet, on conseille donc l'emploi exclusif des câbles de cuivre rouge, pour former les chaînes conductrices des paratonnerres de navires. Ces câbles devront avoir 1 centimètre carré de section métallique. Les fils qui composent les torons, auront de 1 millimètre à 1^{mm},5.

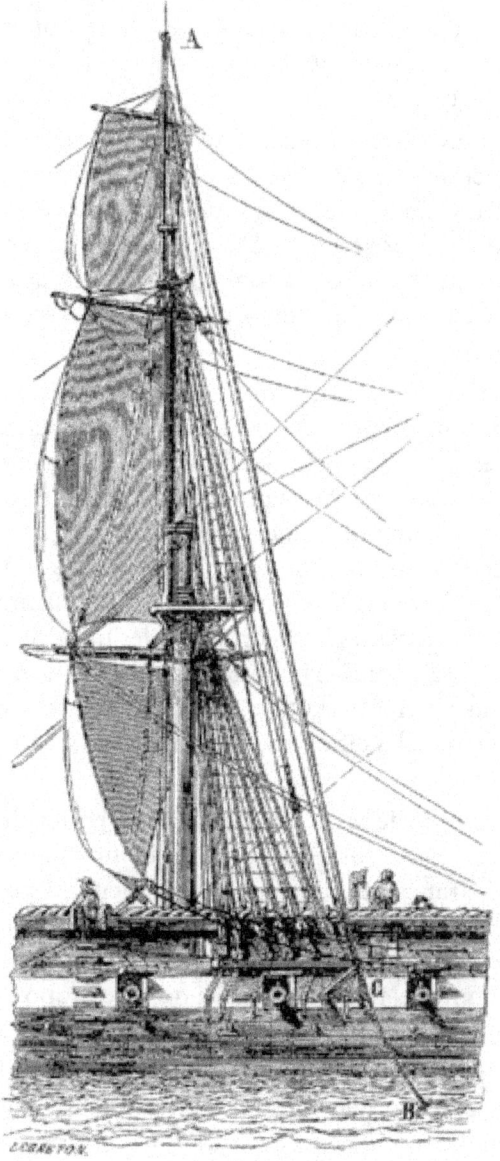

Fig. 310. — Un paratonnerre de navire français.

La tige du paratonnerre peut n'avoir que quelques décimètres de longueur, y compris la pointe. L'important, c'est que la jonction avec le câble soit faite, dans l'atelier, à la soudure d'étain. À son extrémité inférieure, le câble sera ajusté, d'une manière analogue, dans une pièce de cuivre, qui sera en communication permanente avec le doublage du navire.

À bord des navires on a l'habitude de n'établir la continuité du conducteur, c'est-à-dire de jeter la chaîne à la mer, seulement à l'approche d'un orage. Cette habitude est dangereuse : 1° en ce qu'on peut oublier de le faire ; 2° en ce que le plus souvent il ne suffit pas que la chaîne communique à l'eau de la mer, par une surface de 2 à 3 décimètres, pour que l'électricité s'écoule avec toute la rapidité nécessaire.

En Angleterre, on suit un procédé bien supérieur. On incruste, une fois pour toutes, dans des rigoles, ou rainures, creusées suivant la longueur et dans l'épaisseur des mâts, de fortes bandes de cuivre. La partie inférieure de ces bandes, qui forment le conducteur, vient se souder à une plaque de cuivre fixée sur la carlingue. De là, le conducteur est en communication avec l'eau de la mer, au moyen de trois boulons de cuivre qui traversent la quille. De cette manière, les conducteurs font corps avec les mâts ; le navire entier, depuis la pointe jusqu'à la doublure métallique extérieure, est constitué dans un état parfait de conductibilité, comme si toute sa masse était de métal, et indépendamment de toute intervention de l'équipage.

Dans l'instruction de M. Pouillet, on n'a pas cru devoir mentionner l'ensemble de ces dispositions, ni les recommander pour l'usage de la marine française. Une longue expérience a pourtant établi l'efficacité de ce système sur les vaisseaux anglais. Quelques détails sur le genre des paratonnerres employés aujourd'hui par toute la marine britannique, ne seront pas ici hors de propos.

C'est lord William Napier qui attira le premier, en 1813, l'attention de l'amirauté britannique sur l'imperfection des paratonnerres employés à cette époque, par la marine des deux mondes. Il avait été déjà témoin, en plusieurs occasions, d'accidents arrivés en mer à ces conducteurs électriques, lorsque, au mois de juillet 1811, il en eut sur son vaisseau un nouvel et terrible exemple. Il venait de quitter Toulon à bord du Kent, navire de 74 canons, lorsque son grand mât et son mât d'artimon furent littéralement déchirés par la foudre, depuis leurs pommes de girouettes jusque sur le pont. Le fluide tua un matelot et en blessa trois ou quatre autres qui se trouvaient sur une vergue. Dans une autre circonstance, à Port-Mahon, il vit quinze de ses matelots tués par un coup de foudre.

C'est en raison de ces malheurs que lord Napier, trouvant vicieux le système qui consistait à placer un seul paratonnerre sur chaque navire, demandait que chaque mât fût pourvu de cet instrument.

« Cet appareil, disait en 1813 le célèbre amiral, en parlant du conducteur de chaîne, est ordinairement attaché à la cime du grand perroquet, comme étant le plus élevé du navire ; mais il ne s'ensuit pas que la foudre doive précisément frapper là, et j'ai vu, souvenir déplorable, quinze matelots excellents, épars sur le beaupré, tués ou brûlés en un clin d'œil. Quelques-uns furent précipités dans l'eau ; d'autres, couchés morts en travers des antennes, demeurèrent dans la posture qu'ils avaient avant l'accident. Ceci eut lieu à Port-Mahon, sur un navire de soixante-quatorze, tandis que l'équipage ferlant les voiles était dispersé sur toutes les vergues. On ne saurait dire si le conducteur était alors en place ou non ; mais en supposant que l'on puisse compter, à quelques égards, sur une pareille machine, il me paraît très-probable qu'une seule ne suffit pas pour un navire.

« Un conducteur placé selon l'usage, savoir, à la cime du grand perroquet, peut être envisagé comme un agent plus puissant que le mât lui-même ; mais il n'est jamais calculé positivement de manière à pouvoir absorber toute la portion de fluide électrique qui se trouve en contact avec d'autres pointes rivales, et bien que les mâts soient presque toujours les premiers à recevoir la décharge, je sais des cas où plusieurs hommes, occupés à retirer leur linge mis à sécher sur la grande manœuvre, furent tués et brûlés par le fluide électrique. »

Un physicien anglais, M. Singer, exposait les mêmes vues dans un livre publié en 1814[128]. L'auteur affirme, d'après le témoignage de différents capitaines, que les conducteurs mobiles faits de fil de cuivre, sont généralement regardés comme de peu d'utilité.

« On les laisse, dit-il, empaquetés dans un coin du navire ; durant les voyages les plus longs et les plus hasardeux ; ils s'attachent aisément, il est vrai, mais ils se détachent de même. Pour cette raison et pour bien d'autres, il vaudrait mieux employer des conducteurs fixes ; on pourrait les accrocher au mât, et pour qu'ils gênassent moins les manœuvres, on pratiquerait, dans le milieu de leur tige inflexible, une séparation qui pourrait au besoin donner place à une partie souple composée de fils de fer en spirale.

Un autre physicien anglais, M. Harris, satisfit plus complètement à ces conditions, en imaginant un système nouveau qui est aujourd'hui universellement adopté dans la Grande-Bretagne.

La méthode de M. Harris consiste à faire des mâts eux-mêmes autant de paratonnerres, en y fixant une double couche de plaques de cuivre, qui produisent une surface continue de métal. Comme il est dit plus haut, ces plaques sont réunies entre elles par des bandes de cuivre passant sous les poutres du tillac, et avec les larges boulons de la quille, c'est-à-dire avec les principales masses métalliques qui entrent dans la coque du navire. En 1830, trente navires de la marine britannique furent armés des paratonnerres de M, Harris, c'est-à-dire de mâts rendus conducteurs de l'électricité par un revêtement métallique. On les avait choisis parmi ceux qui stationnaient dans les climats les plus divers, sur la Méditerranée, au cap de Bonne-Espérance, dans les Indes orientales, dans les deux Amériques, etc. Ils furent, pendant plusieurs années, exposés aux plus terribles tempêtes, et, quoique frappés à plusieurs reprises par le tonnerre, ils ne subirent, de 1830 à 1842, aucun dommage notable. L'un d'eux, la frégate *Dryad*, en quittant les côtes d'Afrique, vers 1830, fut frappé de la foudre pendant un ouragan. La décharge électrique tomba sur le mât de misaine et le mât de maître, avec un sifflement terrible, et le navire parut un instant enveloppé de flammes. Mais aucun autre accident ne suivit. Dans plusieurs autres cas semblables, l'explosion électrique fut dirigée vers la mer, par les conducteurs de M. Harris.

Durant la même période où ces trente navires étaient ainsi préservés, quarante environ, qui n'avaient point adopté le nouveau mode de protection, furent frappés et endommagés gravement.

En 1842, l'amirauté britannique adopta définitivement, et après des expériences longuement poursuivies, le système de ces mâts conducteurs, qui est aujourd'hui le seul employé en Angleterre. Les pièces dont il se compose se fabriquent rapidement et à peu de frais dans les ateliers de l'État, et depuis son adoption générale, il n'existe peut-être pas d'exemple d'un navire anglais ayant sérieusement souffert d'un coup de foudre en mer.

Ce système est bien préférable à celui qui est adopté dans la marine française, et qui consiste simplement dans l'emploi d'une chaîne conductrice que l'on attache le long du mât au moment de l'approche d'un orage. Nous croyons que l'adoption du système anglais, à bord de nos vaisseaux, présenterait les plus grands avantages. Aussi, est-il regrettable que, dans le rapport de M. Pouillet on n'ait pas songé à en faire mention. Nous reviendrons, en terminant, aux paratonnerres établis sur les édifices, c'est-à-dire au cas le plus général.

Des observations et des expériences faites en 1862 et en 1864, ont prouvé qu'il serait avantageux de remplacer la pointe unique qui termine les paratonnerres actuels, par des tiges multiples, c'est-à-dire par dix ou douze branches de plusieurs mètres de longueur, fort effilées chacune, et qui donnent ainsi un écoulement libre et facile à l'électricité. Ces tiges, partant du même point, du sommet de l'édifice, s'écartent les unes des autres, sous des angles variables, en formant une sorte de couronne de pointes.

C'est à M. Perrot, l'inventeur de la machine à imprimer les indiennes qui porte son nom (*perrotine*), que l'on doit les observations et les expériences dont nous allons parler.

Les paratonnerres tels qu'ils sont établis, et avec le système actuel des constructions, où le fer joue un rôle de plus en plus prédominant, ne sont pas aussi efficaces qu'on l'avait espéré jusqu'à ce jour. La confiance que nous donnait l'invention de Franklin a pu être ébranlée par l'accident grave arrivé à Paris, le 2 août 1862, à la caserne du prince Eugène. La foudre frappant sur l'un des paratonnerres qui surmontent cet édifice, suivit le conduit à gaz, et occasionna une explosion, dont les effets auraient été terribles, si, au lieu de tomber dans le corps de garde, la foudre eût éclaté dans l'un des trois magasins à poudre et à cartouches, qui font partie de cette caserne.

À propos de ce fait, nos physiciens se mirent à l'œuvre pour trouver le moyen d'augmenter l'efficacité des paratonnerres sur les édifices contenant des matériaux métalliques. M. Perrot fit, à cette occasion, plusieurs expériences dont les résultats paraissent concluants.

D'après M. Perrot, au moment où le paratonnerre reçoit le coup de foudre, le voisinage des grandes masses métalliques d'un bâtiment est plus dangereux, quand ces masses communiquent au paratonnerre, que lorsqu'elles sont isolées de ce conducteur, ce qui est contraire à l'une des règles admises dans le rapport de M. Pouillet.

Pour le prouver, M. Perrot place un disque maintenu électrisé et faisant fonction de nuage, au-dessus d'une tige métallique représentant un paratonnerre, et mise en contact avec un autre disque, disposé parallèlement au nuage, et qui simule la masse métallique du bâtiment à préserver. À chaque coup foudroyant lancé au paratonnerre, la main approchée de la masse métallique reçoit, dit M. Perrot, une commotion, accompagnée d'une étincelle, égale au quart environ de l'étincelle foudroyante. Si la communication entre la masse métallique et le paratonnerre, est interrompue, la commotion et l'étincelle deviennent presque insensibles ; mais quelques faibles étincelles se manifestent pendant l'intervalle de temps qui sépare deux coups successifs.

Ces résultats sont une preuve des dangers qui accompagnent la foudre, quand elle frappe des paratonnerres établis dans le voisinage de grandes masses métalliques, et de la nécessité de les mettre à l'abri de tout coup foudroyant.

M. Perrot repousse donc le précepte qui consiste à mettre les masses métalliques d'un édifice en communication avec le paratonnerre, précepte que nous avons dû rapporter plus haut, sans réflexion, nous réservant d'y revenir ici. Pour mettre à l'abri de la foudre un édifice qui contient de grandes masses métalliques, M. Perrot propose de modifier la forme de la partie terminale du paratonnerre.

Fig. 312. — Parafoudre de Perrot

Voici les observations qui, d'après M. Perrot, conduisent à la solution du problème :

1° Les tiges des paratonnerres exercent une action neutralisante d'autant plus considérable que leur pointe terminale est plus aiguë.

2° Qu'une bouteille de Leyde, chargée d'électricité, soit placée à une distance telle d'une pointe communiquant avec le sol, qu'elle se décharge sur cette pointe, avec une *étincelle foudroyante*, il suffira d'armer l'extrémité de la tige d'une couronne de pointes, pour que la décharge de la bouteille soit *instantanée et silencieuse*.

Cette observation établit d'une manière incontestable qu'il suffit de multiplier les pointes terminales d'une tige métallique pour augmenter considérablement son action neutralisante.

3° Si une tige métallique terminée en pointe et communiquant au sol est soumise à l'action d'un disque métallique électrisé, simulant un nuage, cette tige attire les corps avoisinants, et un flocon de coton, par exemple, viendra se décharger sur cette tige par une étincelle. Donc, l'action neutralisante de la tige ne s'exerce qu'au-dessus du plan horizontal passant par cette pointe. Mais si la tige est armée latéralement d'une pointe dirigée vers le flocon, il y a écoulement silencieux d'électricité par cette pointe, et il n'y a plus d'étincelle foudroyante.

Fig. 313. — Le parafoudre Perrot adapté à un ancien
paratonnerre.

Les moyens proposés par M. Perrot pour rendre les paratonnerres
parfaitement efficaces, malgré le voisinage de masses métalliques,
consistent donc à armer leur extrémité supérieure d'une couronne
de pointes et à disposer latéralement sur la tige, un certain nombre
de pointes convenablement disposées et espacées de la base au
sommet[129].

Les figures 312 et 313 représentent la disposition qu'il faut donner à la partie terminale du paratonnerre pour réaliser le perfectionnement recommandé par M. Perrot.

La multiplicité des pointes du paratonnerre, ou du *parafoudre*, comme l'appelle M. Perrot, a pour effet d'augmenter sensiblement le *cercle de protection* de l'appareil.

La construction géométrique qui accompagne la figure 311, c'est-à-dire les cercles tracés à l'extrémité de chaque pointe du parafoudre, mettent en évidence aux yeux, l'extension que reçoit par cette disposition nouvelle, le cercle de protection du paratonnerre.

Fig. 311. — Parafoudre de M. Perrot.

Dans les édifices nouvellement construits à Paris, les dispositions recommandées par M. Perrot devraient être, il nous semble, adoptées, ne fût-ce que pour en constater les avantages. Rien, d'ailleurs, n'empêche d'adapter cette disposition particulière aux paratonnerres actuellement existants.

PARATONNERES PORTATIFS. — Nous pouvons ajouter, pour terminer le sujet qui vient de nous occuper, qu'il a été question, au siècle dernier, de *paratonnerres portatifs* à l'usage des individus. C'est un des traducteurs de Franklin, Barbeu-Dubourg, qui en fit la proposition. Voici la description abrégée de ce *paratonnerre individuel*, qui ne différait guère d'un simple parasol que par divers accessoires qu'on y ajoutait :

« Le corps du parasol, dit Barbeu-Dubourg, se compose : 1° d'une surface de soie bombée, mais ayant une de ses coutures recouverte en dehors d'une petite tresse d'argent ; 2° d'un manche de bois léger et long d'environ deux pieds ; 3° d'une tringle de fer d'un demi-pouce de diamètre, et de huit à dix pouces de long, placée en dessus vis-à-vis du manche, et terminée supérieurement par un écrou ; 4° d'un anneau, de baguettes et d'un ressort particulièrement situés en dessous : cet anneau, glissant sur la tringle, sert à plier et à déplier les baleines ; 5° de neuf ou dix baleines, chacune de deux pièces, arcboutées à l'ordinaire, mais placées en dessus du taffetas ; l'une de ces baleines, attenante à la tresse d'argent, est armée d'un bout de cuivre terminé par un écrou. Les accessoires sont : 1° une verge de cuivre mince, longue d'un pied, terminée supérieurement par une pointe fine, et inférieurement par une vis qui s'adapte aisément, quand on veut, à l'écrou de tringle ; 2° un gros fil de laiton, d'un pied et demi de largeur, finissant par une petite vis qui au besoin se met dans l'écrou du bout de cuivre dont nous avons parlé ; 3° un cordonnet d'argent pendant au bout inférieur de ce fil de laiton, et terminé par une petite houppe de frange qui traîne à terre. »

Telle est la description donnée par Barbeu-Dubourg de son *paratonnerre portatif.*

Le Père Paulian, dans son ouvrage imprimé à Nîmes en 1790, *la Physique à la portée de tout le monde*, donne la description d'un autre paratonnerre portatif, en forme de parasol, et peu différent de celui de Barbeu-Dubourg.

Mais nous devons dire qu'il n'existe point, dans un sens absolu, de corps non conducteur de l'électricité, et que la foudre frappe, traverse, réduit en poussière, les corps réputés les plus mauvais conducteurs du fluide électrique, tels que le verre, les résines, le soufre, etc. Il est donc certain que ces appareils seraient restés sans efficacité pour préserver un homme de la foudre. Malgré son insuccès, cette tentative devait être signalée dans la notice que nous venons de tracer sur l'histoire du paratonnerre et les dispositions diverses de ce merveilleux et puissant appareil.

Louis Figuier

Fig. 314. — Le paratonnerre portatif, ou le parapluie-
paratonnerre de Barbeu-Dubourg.

NOTES

1.   es mots de foudre et de tonnerre ne sont pas synonymes. Pour la grammaire, comme pour la physique, le tonnerre est le bruit qui précède ou accompagne le trait defoudre.

2.

Postremo, cur sancta Deum delubra, suasque

Discutit infesto præclaras fulmine sedes,

Et bene facta Deum frangit simulacra, suisque

Demit imaginibus violento vulnere honorem ?

(Lib. VI, vers. 416.)

3.   Histoire des découvertes attribuées aux modernes.

4.   Des sciences occultes, pages 398 et suivantes.

5.   Mémoires de l'Académie du Gard.

6.   De l'état des connaissances des anciens sur l'électricité.

7.   Histoire romaine à Rome, t. I, pages 487, 488.

8.   « Audiat hæc genitor qui fulmine fœdera sancit. »

(Virgil., Æneid., lib. XII, vers. 200.)

9.   Deprehendit præterea rationem fulminum eliciendorum et hominibus indicavit ; unde cœlestem ignem dicitur esse furatus : nam quadam arte ab eodem monstrata supernus ignis eliciebatur, qui mortalibus profuit, donec eo bene usi sunt : nam postea malo hominum usu in perniciem eorum eversi sunt. — Servius, in Virgil., eclog. VI, vers. 42.

10.   La foudre, l'électricité et le magnétisme chez les anciens, pages 323, 324.

11.   Virgil., Æneid., lib. VI, vers. 585 et seq.

12.   Eustath., in Odyss., lib. II, vers, 234.

13.   Pausanias, Eliac., lib. I, cap. XIV.

14.   Encyclop. méthod. Antiquités, t. I, art. Catabatès.

15.   D'Herbelot, Biblioth. orientale, art. ZERDASCHT

16.   Dion Chrysost., Orat. Borysthen.

17.   Recogn., lib. IV.

18.   Greg. Turon., Hist. Franc., lib, I, cap. V.

19.   Suidas, verbo Zoroastris. — Glycas, Annal., p. 12.

20.   L. Piso primo Annalium, auctor est Tullum Hostilium regem ex Numae libris, eodem quo illum saerificio Jovem cœlo devocare conatum, quoniam parum rite quaedam fecisset, fulmine letum. (Plinii Hist. nat. lib. XXVIII, cap. IV.)

21.   Exstat Annalium memoria, sacris quibusdam et precationibus, vel cogi fulmina, vel impetrari. Vetus fam-Etruriæ est, impetratum Volsinios urbem, agris depopulatis subeunte monstro, quod vocavere Voltam. Evocatum est a Porsenna suo rege. (Plinii,Hist. nat., lib. II, cap. LIV.)

22.   Tite-Live, liv. I, chap. XXXI.

23.   H. Martin, La foudre, l'électricité et le magnétisme chez les anciens, in-18, pages 347-349.

Louis Figuier

24.	Euseb., Chronic. Canon., lib. I, cap. XLV-XLVI.

25.	Ovid. Metamorphos., lib. XIV, v. 617 ; Fast., lib. IV, v. 90. — Dionys. Hallc., lib. I, cap.XV.

26.

Dumque illi elmsam, longis anfractibus, urbem Circumeunt, Aruns dispersos fulminis ignesColligit, et terræ, mœsto cum murmure, condit, Datque locis numen.

« Pendant que cette procession (le cortège des aruspices et des autres prêtres convoqués pour une cérémonie religieuse, en vue de malheurs qui semblent menacer l'Étrurie) fait, avec de grands circuits, le tour de la ville, dont les habitants se pressent sur les pas du cortège, Aruns rassemble les feux dispersés de la foudre et les engouffre dans la terre avec un bruit sinistre. Les lieux sont ainsi consacrés. » (Lucani Pharsala, lib. I, vers. 606.)

27.	H. Martin : La foudre, l'électricité et le magnétisme chez les anciens, in-18, pp. 377, 378.

28.	Notice sur les travaux de l'Académie du Gard de 1812 à 1821. Nîmes, 1822, 1repartie, p. 304-319. Le Mémoire de M. La Boëssière, lu en 1811, à l'Académie du Gard, n'a été publié qu'en 1822.

29.	C'étaient les quindecemvirs ou les quinze prêtres préposés aux cérémonies.

30.	Arnob., lib. V.

31.	Magasin encyclop., année 1813, t. IV, p. 415.

32.	De l'effet des pointes placées sur le temple de Salomon, (Magasin scientifique de Gœttingue, 3e année, 5e cahier, 1783.)

33.	Πλαεί γαρ χρυσοῦ στιβαραῖς κεκαλυμμένος παντόθεν

34.	« Tarchon, afin de défendre sa maison contre les foudres du grand Jupiter, entourait sa maison de beaucoup de vignes blanches. » De re rusticâ, lib. X.

35.	Pline attribue au laurier cette propriété singulière ; « Ex iis quae terrâ gignuntur, lauri fruticem non icit » (Plinii Hist. nat. lib. II, cap. LVI.) « De tous les fruits de la terre, le laurier seul est à l'abri de la foudre. »

36.	Ideo pavidi altiores specus tutissimos putant ; aut tabernacula e pellibus belluarum quas vitulos appellant ; quoniam hoc solum animal ex marinis xton percutiat. (Plin. Hist. nat. lib. I, cap, LVI.) Voir aussi Josèphe, Antiq. Jud., lib. III, cap. VI, § 4.)

37.	Ctesias in Indic. apud Photium (Bibl. cod. LXXII.)

38.	Damascius in Isidor. Vit. apud Phot. Biblioth. d. 242.

39.	« Gylippo Syracusas petenti, visa est stella super ipsam lanceam constitisse. In Romanorum castris visa sunt ardere pila, ignibus scilicet in illa delapsis : qui sæpe, fulminum more, animalia ferire solent et arbusta. Sed si minores vi mittuntur, defiuunt tantum et insident, non feriunt nec vulnerant. »

NOTES

(Senec, Natur. Quœst., lib. I, cap. I.)

40.   Procop. De Bell. Vandal., lib. II, cap. II.

41.   Tite-Live, liv. XLIII.

42.   « Existant stellæ et in mari terrisque. Vidi nocturnis militum vigiliis inhærere piiis pro vallo fulgorem ca effigie : et antennis navigantium, allisque navium partibus, cum vocali quodam sono insistant, ut volucres, sedem ex sede mutantes. Geminæ autem salutares et prosperi cursûs prænuntiæ ; quarum adventu fugari diram illam ac minacem appellatamque Helenam ferunt. Et ob id Polluci et Castori his nomen assignant, eosque in mari deos invocant. Hominum quoque capiti vespertinis horis magno præsagio circumfulgent » (Plinii Historia naturalis, lib. II.)

43.   Histoire de l'Académie des sciences de Paris, pour 1752, p. 10.

44.   « Per id tempus fere Cæsaris exercitui res accidit incredibilis auditu ; nempe vigiliarum signo confecto, circiter vigilia secunda noctis, nimbus cum saxea grandine subito est coortus ingens ; eadem nocte, legionis quintae cacumina sua sponte arserunt » (Cæsaris Comment. de Bello Africano, cap. VI.)

45.   Lettera di Gio. Fortunato Bianchini, dott. medic. intorno un nuovo fenomeno elettrico, all. Acad. R. di Scienze di Parigi, 1758. — Mémoires de l'Académie des sciences de Paris, 1794, p. 445, dans une note placée à la fin d'un Mémoire de l'abbé Nollet sur la cause et les effets du tonnerre.

46.   Arago, Notice sur le tonnerre. Notices scientifiques, t. I, p. 152-154.

47.   Transactions philosophiques, t. XLVIII, part. I, p. 210.

48.   De Saussure, Voyage dans les Alpes, in-8°, t. II, p. 56.

49.   De Saussure, Voyage dans les Alpes, in-8°, t. II, p. 155. — Histoire de l'Académie des sciences de Paris pour 1767, p. 33.

50.   Priestley, Histoire de l'électricité, t. I, pp. 18, 19.

51.   Lettre adressée par Grey, en 1735, à Cromwell Mortimer, secrétaire de la Société royale de Londres, et publiée, peu de temps après, dans les Transactions philosophiques.

52.   Essai sur la nature de l'électricité, traduit de l'anglais de M. Jean Freke, dans leRecueil de traités sur l'électricité, traduit de l'allemand et de l'anglais, 3e partie, page 24. — Essai sur l'électricité, traduit de l'anglais de M. Benj. Martin, lecteur de physique.Ibidem, 3e partie, p. 71-76.

53.   Leçons de physique expérimentale, t. IV, p. 314.

54.   Ce mémoire n'a pas été imprimé, mais il se trouve avec les autres manuscrits de Romas, dans les archives de l'ancienne académie de Bordeaux, qui sont déposées aujourd'hui dans la bibliothèque de cette ville.

55.   À la suite du coup de foudre de Tampouy et des réflexions dont cet événement fut le point de départ, Romas conçut le projet d'un instrument destiné à détourner le tonnerre. Cet instrument, qu'il n'a décrit nulle part, mais auquel il fait quelque allusion dans saLettre à M. Lutton, dont il sera question plus loin, insistait, autant qu'on peut en juger sur de vagues indications, en un

conducteur isolé, terminé par une boule, ce qui aurait composé un fort mauvais paratonnerre. M. de Vivens, qui eut connaissance du nouvel instrument, et lui donna le nom de brontomètre y comprit sans doute les dangers que son emploi aurait inévitablement entraînés, et il détourna Romas de publier sa description.

56.　　Le mémoire de Barberet fut couronné par l'Académie de Bordeaux au mois d'août 1750, et le mémoire de Romas sur le coup de foudre de Tampouy est du même mois (août 1750) ; enfin la lettre de Franklin sur l'analogie du tonnerre et de l'électricité porte la date du 29 juillet de la même année.

57.　　Œuvres de Franklin, traduites par M. Barbeu-Dubourg, in-4°, t. Ier, p. 3-5.

58.　　Œuvres de Franklin, traduites par M. Barbeu-Dubourg, in-4°, t. Ier, p. 61-63.

59.　　C'est d'après le témoignage exprès d'un écrivain anglais que nous consignons ces faits qui font peu d'honneur à la sagacité des membres de la Société royale. Dans un ouvrage estimé, A Manual of Electricity, Magnetism and Meteorology, publié en 1844, le docteur Lardner écrit ce qui suit :

« When this and other papers by Franklin, illustrating similar views, were sent to London, and read before the Royal Society, they are said to have been considered so wild and absurd that they were received with laughter, and were not considered worthy of so much notice as to be admitted to a place in the Philosophical Transactions.

« They were, however, shown to Dr. Fothergill, who considered them of too much value to be thus stifled ; and he wrote a préface to them, and published them in London.

« They subsequently went through five éditions. After the publication of these remarkable letters, and when public opinion in all parts of Europe had been expressed upon them, an abridgment or abstract of them was read to the Society on the 6th of June 1751.

« It is a remarkable circumstance that, in this notice, no mention whatever occurs of Franklin's project of drawing lightning from the clouds.

« Possibly this was the part which had before excited laughter, and was omitted to avoid ridicule. »

60.　　Lettre de Delor, imprimée dans les Transactions philosophiques, t. XLVIII, p, 370.

61.　　Histoire de l'électricité, de Priestley, t. II, p. 164.

62.　　Lettre de l'abbé Mazéas au docteur Haies, du 20 mai 1752.

63.　　Mémoires de l'Académie des sciences pour 1752, p. 233 et suiv.

64.　　Histoire de l'Académie des sciences pour 1752, p. 10.

65.　　L'exposé des recherches de Romas sur les barres métalliques isolées est consigné dans six lettres adressées à l'Académie des sciences de Bordeaux, du 12 juillet 1752 au 14 juin 1753. Elles n'ont pas été imprimées, mais elles sont conservées, avec d'autres manuscrits de ce physicien, dans les archives de l'Académie de Bordeaux.

66.   Transactions philosophiques, t. XLVII, p. 568. — Priestley, Histoire de l'électricité, t. II, p. 168.

67.   La Physique à la portée de tout le monde, par le Père Paulian, t. II, p. 357.

68.   Dans son Précis historique et expérimental des phénomènes électriques, Sigaud de Lafond, qui a donné, d'après la lettre du graveur Solokow, adressée à la Société royalede Londres, et le témoignage du comte de Strogonoff, la relation la plus exacte et la plus complète de la mort de Richmann, décrit ainsi l'espèce d'électromètre dont Richmann voulait faire usage :

« Ce gnomon était fait d'une baguette de métal, qui aboutissait à un petit vase de verre, dans lequel M. Richmann mettait, sans qu'on puisse en deviner la raison, un peu de limaille de cuivre. Au haut de cette baguette était attaché un fil qui pendait le long de la baguette quand elle n'était point électrisée ; mais dès qu'elle l'était, il s'en éloignait à une certaine distance, et formait conséquemment un angle à l'endroit où il était attaché. Pour mesurer cet angle, il avait un quart de cercle attaché au bout de la baguette de fer. » (P. 355.)

69.   Histoire de l'Académie des sciences pour 1753, p, 78.

70.   Transactions philosophiques, t. XLVIII, part. 2, p. 272.

71.   Cours de physique de Musschenbroek, t. I, p. 397.

72.   Ibidem, t I, p. 397.

73.   Journal des savants, oct. 1753, p. 222. — Musschenbroek, t. I, p. 397.

74.   M. Dutilh, de Nérac, qui a fait partie de la chambre des députés sous Louis-Philippe, jusqu'à l'année 1848, était le petit-fils de Mathieu Dutilh.

75.   Par ce terme de jeu d'enfant, Romas entendait désigner le cerf-volant. C'est ce qu'il prouve dans sa Lettre au rédacteur du Journal encyclopédique, que nous citerons textuellement plus loin.

76.   In-18, Bordeaux, 1776.

77.   Mémoire où, après avoir donné un moyen aisé pour élever fort haut et à peu de frais un corps électrisable isolé, on rapporte des observations frappantes, qui prouvent que plus le corps isolé est élevé au-dessus de la terre, plus le feu de l'électricité est abondant, par M. de Romas, assesseur au présidial de Nérac, publié dans les mémoires des savants étrangers à l'Académie des sciences (Mémoires de mathématiques et de physique présentés à l'Académie royale des sciences de Paris par divers savants, et lus dans les assemblées publiques, 1755, t. II, p. 393).

78.   L'expérience de Romas fait concevoir la possibilité d'un projet qui a été mis en avant par Arago, et qui consisterait à transformer les nuages orageux en nuages ordinaires, à l'aide de cerfs-volants ou d'aérostats munis de conducteurs convenables. En empêchant les orages, ce moyen pourrait aussi probablement prévenir la formation de la grêle, qui semble liée à la présence, dans les nuages, d'une grande quantité de fluide électrique.

79.   Mémoires de mathématiques et de physique présentés à l'Académie

royale des sciences par divers savants et lus dans les assemblées, t. II, p. 393.

80.   Mémoires de mathématiques et de physique présentés à l'Académie royale des sciences par divers savants, t. IV, p. 514.

81.   Bertholon, De l'électricité des météores, p. 54.

82.   Traité expérimental de l'électricité et du magnétisme, en 9 vol. in-8, 1834, t. I, p. 42-43.

83.   2 vol. in-8, Paris, 1866.

84.   Page 445.

85.   Cette lettre de Franklin fut lue aux membres de la Société royale de Londres dans les premiers jours de janvier 1753 ; le 15 du même mois, Watson la traduisit et la fit parvenir à l'abbé Nollet, qui s'empressa d'en donner communication à l'Académie des sciences de Paris. Nous avons cité, au commencement de ce chapitre, le texte de cette lettre de Watson, d'après l'ouvrage de Bertholon, l'Électricité des météores.

86.   Étude sur les travaux de Romas, par M. Mergey, professeur de physique au lycée impérial de Bordeaux, imprimée dans le Recueil des actes de l'Académie des sciences, belles-lettres et arts de Bordeaux, 1853, 2e trimestre, p. 492.

87.   Étude sur les travaux de Romas, p. 491.

88.   Mémoire sur les moyens de se garantir de la foudre dans les maisons ; suivi d'une Lettre sur l'invention du cerf-volant électrique, avec les pièces justificatives de cette même lettre ; par M. de Romas, lieutenant assesseur au présidial de Nérac, de l'Académie royale des sciences de Bordeaux, correspondant de celle de Paris. 1 vol. in-12. À Bordeaux, chez Bergeret, et à Paris, chez Pissot, 1776.

89.   Voir p. 395, tome II des Mémoires présentés à l'Académie royale des sciences de Paris par des savants étrangers.

90.   Cela est su, puisque ma première expérience avec la barre de M. Franklin est du 9 juillet 1752, comme il est prouvé par ma lettre du 12 juillet 1752 à l'Académie de Bordeaux.

91.   J'ai rendu compte de ces expériences dans des mémoires particuliers, ainsi que je puis le prouver par différentes lettres que j'ai en main.

92.   Le mystère du cerf-volant était caché dans ma lettre du 12 juillet 1752, sous ces termes : quoiqu'elle ne soit qu'un jeu d'enfant.

93.   C'est ce que j'ai prouvé ci-dessus, en parlant des lettres de MM. le chevalier de Vivens, de Bègue et Dutilh.

94.   Je jugeai à propos de répéter, dans le Mémoire, ces termes de ma lettre, parce que mon idée était, dans le principe, de les faire servir de mot de guet.

95.   On trouve ces deux lettres dans la seconde partie des Lettres sur l'électricité, pp. 188 et 228.

96.   On verra bientôt que si M. Priestley ne connaissait pas tous ces ouvrages, il en connaissait du moins une partie, ce qui découvre de plus en plus

sa dissimulation.

97. Lettere dell' elettricismo, p. 112.

98. Cours de physique expérimentale et mathématique, par Pierre Van Musschenbroek, traduit par Sigaud de Lafond, t. I, p. 396, § 913.

99. Cours de physique expérimentale et mathématique, par Pierre Van Musschenbroek, traduit par Sigaud de Lafond, t. I, p. 400, § 914.

100. Observations sur l'électricité naturelle par le moyen d'un cerf-volant. Lettre de 6 pages in-4.

101. Deuxième lettre de M. Kinnersley à M. Benjamin Franklin. — Œuvres de Franklin, traduites par Barbeu-Dubourg, t. I, p. 205, in-4.

102. Voici un exposé, en raccourci, de la théorie des affluences et effluences simultanéesqui fut proposée par l'abbé Nollet, pour expliquer tous les phénomènes électriques. Nous prendrons comme exemple le fait simple de l'attraction et de la répulsion successives d'un corps, approché d'un autre corps préalablement électrisé.

Pour rendre raison de ce phénomène, Nollet admet deux courants de matière électrique, qui vont en sens contraire : l'un tend vers le corps électrisé et s'insinue dans ses pores, tandis que l'autre s'élance du sein de ce même corps. Le premier courant, qu'il désigne sous le nom de matière affluente, entraine avec lui les substances légères qu'il rencontre et les amène au corps électrisé ; de là naissent les attractions. Le second courant, qui se nomme matière effluente, repousse ces mêmes substances, en sortant du corps électrisé et occasionne par là les répulsions. Ces deux courants de matière, en se rencontrant, produisent par le choc mutuel de leurs rayons, les étincelles électriques.

Cette théorie surannée a été défendue par Nollet jusqu'à la fin de sa vie.

103. « Le 6 juillet 1794, plusieurs évêques étaient réunis au collège de Navarre. L'évêque de Laon voulut leur procurer le plaisir d'entendre la leçon de physique expérimentale. On les conduisit à la grande tribune. L'abbé Nollet résuma ce qui avait été dit dans les deux leçons précédentes ; il continua ensuite son explication et il fit des expériences. Les prélats témoignèrent beaucoup de satisfaction et donnèrent de justes applaudissements à un établissement qui fait honneur à la nation, et en particulier à l'Université de Paris. Ils parurent frappés de la beauté de l'amphithéâtre qu'on a construit pour cette école. (Journal historique sur les matières du temps, août 1754, p. 154.)

104. Ces Lettres sont en deux volumes. Le premier parut en 1754, l'autre six ans après.

105. Page 510.

106. Lettres sur l'électricité, dans lesquelles on examine les découvertes qui ont été faites sur cette matière depuis l'année 1752. 1re partie, lettre 7e.

107. Lettres sur l'électricité, dans lesquelles on examine les découvertes gui ont été faites sur cette matière depuis l'année 1752. 1re partie, lettre 1re.

108. La nature dans la formation du tonnerre, et la reproduction des êtres

vivants, pour servir d'introduction aux vrais principes de l'agriculture, 1766, pages 116-118.

109.   La physique à la portée de tout le monde, par le Père Paulian, in-8°, t. II, p. 389.

110.   La physique à la portée de tout le monde, par le Père Paulian, t. II, p. 389.

111.   C'est ce que constate le Mercure de France. « On ne fera plus, dit ce journal, à la capitale de la France le reproche de ne pas adopter la découverte des paratonnerres, dont l'utilité est si bien démontrée. Plusieurs villes de France s'étaient déjà distinguées par leur empressement pour en élever ; et la ville de Paris, le séjour des sciences et des arts, ne pouvait différer plus longtemps de suivre l'exemple que le nouveau monde a donné à l'ancien. Madame la duchesse d'Ancenis en a fait élever un sur son hôtel, où la foudre est tombée précédemment ; et les religieuses Augustines Anglaises en ont fait établir un sur leur couvent. M. l'abbé Bertholon, professeur de physique expérimentale des États généraux de la province de Languedoc, déjà connu dans la république des lettres par plusieurs ouvrages qui ont eu du succès et par les superbes paratonnerres de Lyon, a été choisi pour présider à la construction de ces nouveaux instruments, qu'il a fait exécuter d'une manière à ne rien laisser à désirer. Celui de l'hôtel de Charost, de madame la duchesse d'Ancenis, a quatre-vingt-cinq pieds de longueur ; l'extrémité inférieure qui entre dans la terre et plonge au-dessous de l'eau a vingt-huit pieds. Le paratonnerre des religieuses Anglaises est de cent quatre-vingt-huit pieds de longueur, et la partie qui est dans la terre et qui aboutit à l'eau est de quatre-vingt-dix pieds de profondeur. On a observé la plus grande précision dans les jonctions qui sont faites à vis ; des communications métalliques ont été savamment ménagées, les pointes sont dorées à or moulu ; des verticelles ont été placées aux endroits convenables ; en un mot, on y voit toutes les perfections que M. l'abbé Bertholon a décrites et observées dans divers appareils de ce genre, qu'il a construits en plusieurs endroits, et qu'il fera connaître en détail dans un de ses ouvrages. » (Mercure de France, 1782, n° 52, p. 188.)

112.   Éloge de Franklin, par Vicq d'Azyr, dans la Revue rétrospective (avril-juin 1835, p. 390 du volume). Cet éloge de Franklin ne figure pas dans la collection in-8° des Éloges historiques par Vicq d'Azyr, qui a été publiée en 1805 par Moreau (de la Sarthe). Il n'a été imprimé qu'en 1835 dans la Revue rétrospective.

113.   « J'ai reçu, écrit Franklin à M. Landriani, l'excellente dissertation sur l'Utilité des conducteurs électriques, que vous avez eu la bonté de m'envoyer, et je l'ai lue avec beaucoup de plaisir. Recevez-en mes sincères remercîments.

« Je trouve, à mon retour en ce pays, que le nombre des conducteurs y est fort augmenté, l'utilité en ayant été démontrée par plusieurs épreuves de leur efficacité à préserver les bâtiments de la foudre. Entre autres exemples, ma maison fut, un jour, frappée d'un violent coup de tonnerre ; les voisins, s'en étant aperçus, accoururent sur-le-champ, pour y porter du secours, au cas que le feu y eût pris ; mais il n'y avait eu aucun dommage, et ils trouvèrent seulement la famille fort effrayée de la violence de l'explosion.

NOTES

« En faisant, l'année dernière, quelque augmentation au bâtiment, on fut obligé d'enlever le conducteur ; j'ai trouvé, en l'examinant, que la pointe de cuivre qui avait, quand on l'a placée, neuf pouces de long et environ un tiers de pouce de diamètre dans sa partie la plus épaisse, avait été presque entièrement fondue et qu'il en était resté fort peu attaché à la verge de fer : de sorte qu'avec le temps l'invention a été de quelque utilité à l'inventeur, et a ajouté cet avantage au plaisir d'avoir été utile aux autres. »

114.   Bertholon, De l'électricité des météores, t. I, p. 201.

115.   Bertholon, De l'électricité des météores, t. I, p 198.

116.   Nouvelles Preuves de l'efficacité des paratonnerres, in-4, arec figures, pp. 18 et 19.

117.   C'est ce qui était arrivé pour une énorme quantité de poudre appartenant à la république de Venise, et qui se trouvait déposée sous les voûtes de l'église de Saint-Nazaire, à Brescia. Au mois d'août 1767, la tour principale de cette église fut frappée de la foudre ; le fluide électrique descendit dans les souterrains, et deux cent sept mille six cents livres de poudre firent explosion. Un sixième de la belle cité de Brescia fut détruit par cette catastrophe, qui entraîna la mort d'environ trois mille personnes.

Un événement de même nature, amené par l'absence de précautions, fit sauter, à Sumatra (1782), les bâtiments d'un entrepôt où étaient enfermés quatre cents barils de poudre.

Enfin, à Luxembourg, en 1807, l'explosion d'un magasin où la foudre mit le feu à douze tonneaux de munitions d'artillerie, fit écrouler toute la partie inférieure de la ville.

118.   Notices scientifiques, t. I, p. 386.

119.   Sigaud de Lafond, Précis historique et expérimental sur l'électricité, p. 269.

120.   Bertholon, De l'électricité des météores, in-8°, t. I, p. 206.

121.   Dissertation de M. Landriani, 1784, p. 283 et suiv.

122.   On se fait difficilement l'idée de la quantité de fluide électrique qu'un paratonnerre peut neutraliser. Pour donner un résultat précis sur ce point et montrer par une évaluation positive l'efficacité de l'appareil de Franklin, nous citerons un curieux passage de la Notice d'Arago sur le tonnerre, où cette question est traitée avec précision.

« La matière fulminante que les paratonnerres en pointe soutirent aux nuées est-elle considérable ? dit Arago. Peut-il résulter de cette action un affaiblissement sensible des orages ? Là où il y aura beaucoup de paratonnerres, les coups de foudre seront-ils moins à redouter ? Des expériences de Beccaria m'ont fourni les éléments nécessaires pour éclaircir, je crois, tous ces doutes.

« Cet habile physicien avait dressé à Turin, sur deux points du palais de Valentino fort éloignés l'un de l'autre, deux gros fils métalliques rigides, maintenus en place à l'aide de corps de certaines natures que les physiciens appellent corps isolants.

Chacun de ces fils était peu éloigné d'un autre fil métallique ; mais celui-ci, au lieu d'être isolé, descendait le long du mur du bâtiment jusqu'au sol, où il s'enfonçait assez profondément. Le premier fil, comme on voit, était le paratonnerre ; le second, le conducteur. Eh bien, en temps d'orage, de vives étincelles, je pourrais dire des éclairs de la première espèce, jaillissaient sans cesse entre les fils isolés supérieurs et les fils inférieurs non isolés. L'œil et l'oreille suffisaient à peine à saisir les intermittences : l'œil n'apercevait aucune interruption dans la lumière, l'oreille entendait un bruit à peu près continu.

« Aucun physicien ne me démentira, quand je dirai que chaque étincelle prise isolément eût été douloureuse ; que la réunion de dix aurait suffi pour engourdir le bras ; que cent eussent peut-être constitué un coup foudroyant. Cent étincelles se manifestaient en moins de dix secondes ; ainsi, chaque dix secondes, il passait d'un fil au fil correspondant une quantité de matière fulminante capable de tuer un homme ; en une minute six fois autant ; en une heure soixante fois plus qu'en une minute. Par heure, chaque tige métallique du palais de Valentino arrachait donc aux nuées, en temps d'orage, une quantité de matière fulminante capable de tuer 360 hommes. Il y avait deux de ces tiges : le chiffre 360 doit donc être doublé ; nous voilà déjà au nombre 720. Mais le Valentino se composait de sept toits pyramidaux, recouverts de feuilles de métal communiquant avec des gouttières également métalliques qui s'enfonçaient dans la terre. Les sommets de ces pyramides étaient pointus ; ils s'élevaient plus dans les airs que les extrémités des deux lignes sur lesquelles Beccaria opérait. Tout autorise donc à supposer que chaque pyramide soutirait aux nuages autant de matière au moins que les minces tiges en question. 7, multiplié par 360, donne 2 520 ; et si l'on ajoute les 720 des deux tiges, en trouve 3 240. En cavant tout au plus bas, en supposant que le Valentino agissait par ses pointes, que le reste du bâtiment était absolument sans action, nous n'en trouverons pas moins, pour ce seul édifice, que la quantité de matière enlevée à l'orage dans le court espace d'une heure eût suffi pour tuer plus de trois mille hommes. »

(Arago, Notices scientifiques, t. I, p. 338-340.)

123.   La manière la plus avantageuse de faire une barre pyramidale est de souder bout à bout des morceaux de fer, chacun d'environ 80 centimètres (2 ½ pieds) de longueur, et d'un calibre décroissant.

124.   On peut remplacer l'aiguille de platine par une aiguille faite avec l'alliage des monnaies d'argent, qui est composé de 9 parties d'argent et 1 de cuivre.

125.   Pour faire l'embase, on soude un anneau de fer sur la tige, et on retire circulairement sur l'enclume en inclinant ses bords de manière à obtenir un cône tronqué très-aplati.

126.   Nous devons plusieurs des détails de construction que nous venons de donner, à M. Mérot, habile constructeur de paratonnerres, qui, à notre demande, nous a communiqué avec empressement les résultats de sa pratique.

127.   La figure 298 représente la tige d'un paratonnerre fait avec luxe, comme on en place sur quelques bâtiments : elle porte une girouette en forme de flèche,

mobile sur des galets, pour rendre son mouvement plus doux, qui fait connaître la direction du vent au moyen de lignes fixes orientées N.-S.-O.-E. ; à sa base est un socle de cuivre mince dont la forme est arbitraire.

128.   Eléments of Electricity by G. J. Singer, ch. I, p. 226, Thilaye, conservateur à la Faculté de médecine de Paris, a donné, une traduction de cet ouvrage, augmentée de notes :Éléments d'électricité et de galvanisme, par Singer. Paris, 1817.

129.   Comptes rendus de l'Académie des sciences, t. LIV, septembre 1862, et t. LVIII. p. 115 (1864).

ISBN : 978-1519170163